环境正义视阈下的
环境弱势群体研究

The Study on the Environmental Vulnerable Groups under the
Perspective of Environmental Justice

刘海霞 著

中国社会科学出版社

图书在版编目（CIP）数据

环境正义视阈下的环境弱势群体研究／刘海霞著 . —北京：中国社会科学
出版社，2015.12

（中国社会科学博士后文库）

ISBN 978 - 7 - 5161 - 7078 - 6

Ⅰ.①环…　Ⅱ.①刘…　Ⅲ.①环境社会学—研究—中国　Ⅳ.①X - 05

中国版本图书馆 CIP 数据核字（2015）第 268228 号

出 版 人	赵剑英
责任编辑	王　琪
责任校对	季　静
责任印制	王　超

出　　版	中国社会科学出版社
社　　址	北京鼓楼西大街甲 158 号
邮　　编	100720
网　　址	http://www.csspw.cn
发 行 部	010 - 84083685
门 市 部	010 - 84029450
经　　销	新华书店及其他书店

印刷装订	北京君升印刷有限公司
版　　次	2015 年 12 月第 1 版
印　　次	2015 年 12 月第 1 次印刷

开　　本	710 × 1000　1/16
印　　张	17.75
字　　数	306 千字
定　　价	66.00 元

序　言

2015 年是我国实施博士后制度 30 周年，也是我国哲学社会科学领域实施博士后制度的第 23 个年头。

30 年来，在党中央国务院的正确领导下，我国博士后事业在探索中不断开拓前进，取得了非常显著的工作成绩。博士后制度的实施，培养出了一大批精力充沛、思维活跃、问题意识敏锐、学术功底扎实的高层次人才。目前，博士后群体已成为国家创新型人才中的一支骨干力量，为经济社会发展和科学技术进步作出了独特贡献。在哲学社会科学领域实施博士后制度，已成为培养各学科领域高端后备人才的重要途径，对于加强哲学社会科学人才队伍建设、繁荣发展哲学社会科学事业发挥了重要作用。20 多年来，一批又一批博士后成为我国哲学社会科学研究和教学单位的骨干人才和领军人物。

中国社会科学院作为党中央直接领导的国家哲学社会科学研究机构，在社会科学博士后工作方面承担着特殊责任，理应走在全国前列。为充分展示我国哲学社会科学领域博士后工作成果，推动中国博士后事业进一步繁荣发展，中国社会科学院和全国博士后管理委员会在 2012 年推出了《中国社会科学博士后文库》（以下简称《文库》），迄今已出版四批共 151 部博士后优秀著作。为支持《文库》的出版，中国社会科学院已累计投入资金 820 余万元，人力资源和社会保障部与中国博士后科学基金会累计投入 160 万元。实践证明，《文库》已成为集中、系统、全面反映我国哲学社会科学博士后优秀成果的高端学术平台，为调动哲学社会科学博士后的积极性和创造力、扩大哲学社会科学博士后的学术影响力和社会影响力发挥了重要作用。中国社会科学院和全国博士后管理委员会将共同努力，继续编辑出版好《文库》，进一步提高《文库》的学术水准和社会效益，使之成为学术出版界的知名品牌。

哲学社会科学是人类知识体系中不可或缺的重要组成部分，是人们认识世界、改造世界的重要工具，是推动历史发展和社会进步的重要力量。建设中国特色社会主义的伟大事业，离不开以马克思主义为指导的哲学社会科学的繁荣发展。而哲学社会科学的繁荣发展关键在人，在人才，在一批又一批具有深厚知识基础和较强创新能力的高层次人才。广大哲学社会科学博士后要充分认识到自身所肩负的责任和使命，通过自己扎扎实实的创造性工作，努力成为国家创新型人才中名副其实的一支骨干力量。为此，必须做到：

第一，始终坚持正确的政治方向和学术导向。马克思主义是科学的世界观和方法论，是当代中国的主流意识形态，是我们立党立国的根本指导思想，也是我国哲学社会科学的灵魂所在。哲学社会科学博士后要自觉担负起巩固和发展马克思主义指导地位的神圣使命，把马克思主义的立场、观点、方法贯穿到具体的研究工作中，用发展着的马克思主义指导哲学社会科学。要认真学习马克思主义基本原理、中国特色社会主义理论体系和习近平总书记系列重要讲话精神，在思想上、政治上、行动上与党中央保持高度一致。在涉及党的基本理论、基本路线和重大原则、重要方针政策问题上，要立场坚定、观点鲜明、态度坚决，积极传播正面声音，正确引领社会思潮。

第二，始终坚持站在党和人民立场上做学问。为什么人的问题，是马克思主义唯物史观的核心问题，是哲学社会科学研究的根本性、方向性、原则性问题。解决哲学社会科学为什么人的问题，说到底就是要解决哲学社会科学工作者为什么人从事学术研究的问题。哲学社会科学博士后要牢固树立人民至上的价值观、人民是真正英雄的历史观，始终把人民的根本利益放在首位，把拿出让党和人民满意的科研成果放在首位，坚持为人民做学问，做实学问、做好学问、做真学问，为人民拿笔杆子，为人民鼓与呼，为人民谋利益，切实发挥好党和人民事业的思想库作用。这是我国哲学社会科学工作者，包括广大哲学社会科学博士后的神圣职责，也是实现哲学社会科学价值的必然途径。

第三，始终坚持以党和国家关注的重大理论和现实问题为科研主攻方向。哲学社会科学只有在对时代问题、重大理论和现实问题的深入分析和探索中才能不断向前发展。哲学社会科学博士后要根据时代和实践发展要求，运用马克思主义这个望远镜和显微镜，增强辩证思维、创新思维能力，善于发现问题、分析问题，积极推动解决问题。要深入研究党和国家面临的一系列亟待回答和解决的重大理论和现实问题，经济社会发展中的全局性、前瞻性、战略性问题，干部群众普遍关注的热点、焦点、难点问题，以高质量的科学研究成果，更好地为党和国家的决策服务，为全面建成小康社会服务，为实现"两个一百年"奋斗目标和中华民族伟大复兴中国梦服务。

第四，始终坚持弘扬理论联系实际的优良学风。实践是理论研究的不竭源泉，是检验真理和价值的唯一标准。离开了实践，理论研究就成为无源之水、无本之木。哲学社会科学研究只有同经济社会发展的要求、丰富多彩的生活和人民群众的实践紧密结合起来，才能具有强大的生命力，才能实现自身的社会价值。哲学社会科学博士后要大力弘扬理论联系实际的优良学风，立足当代、立足国情，深入基层、深入群众，坚持从人民群众的生产和生活中，从人民群众建设中国特色社会主义的伟大实践中，汲取智慧和营养，把是否符合、是否有利于人民群众根本利益作为衡量和检验哲学社会科学研究工作的第一标准。要经常用人民群众这面镜子照照自己，匡正自己的人生追求和价值选择，校验自己的责任态度，衡量自己的职业精神。

第五，始终坚持推动理论体系和话语体系创新。党的十八届五中全会明确提出不断推进理论创新、制度创新、科技创新、文化创新等各方面创新的艰巨任务。必须充分认识到，推进理论创新、文化创新，哲学社会科学责无旁贷；推进制度创新、科技创新等各方面的创新，同样需要哲学社会科学提供有效的智力支撑。哲学社会科学博士后要努力推动学科体系、学术观点、科研方法创新，为构建中国特色、中国风格、中国气派的哲学社会科学创新体系作出贡献。要积极投身到党和国家创新洪流中去，深入开展探索性创新研究，不断向未知领域进军，勇攀学术高峰。要大力推进学术话语体系创新，力求厚积薄发、深入浅出、语言朴实、文风清新，力戒言之无物、故作高深、食洋不化、食古不化，不断增强我国学术话语体系的说服力、感染力、影响力。

"长风破浪会有时，直挂云帆济沧海。"当前，世界正处于前所未有的激烈变动之中，我国即将进入全面建成小康社会的决胜阶段。这既为哲学社会科学的繁荣发展提供了广阔空间，也为哲学社会科学界提供了大有作为的重要舞台。衷心希望广大哲学社会科学博士后能够自觉把自己的研究工作与党和人民的事业紧密联系在一起，把个人的前途命运与党和国家的前途命运紧密联系在一起，与时代共奋进、与国家共荣辱、与人民共呼吸，努力成为忠诚服务于党和人民事业、值得党和人民信赖的学问家。

是为序。

中国社会科学院副院长
中国社会科学院博士后管理委员会主任
2015 年 12 月 1 日

摘　要

　　对弱势群体的关注和保护是社会文明和进步的重要标志。环境弱势群体属于现代社会产生的新弱势群体之一，主要指在环境资源享用、环境污染负担和环境风险分配等方面处于不利地位而又无力改变现状的群体。在当前环境危机愈演愈烈的大背景下，环境弱势群体亟待关注。

　　本书在深入梳理国内外相关理论的基础上，对我国环境弱势群体基本状况进行实地调研，做了大量深度访谈和问卷调查，旨在概括我国环境弱势群体面临的主要问题，分析这些问题产生的主要原因。基于此，本书对21世纪以来我国环境群体性事件进行了综合分析，并通过环境群体性事件分析了环境弱势群体的基本诉求、诉求表达方式；借鉴各国保护环境弱势群体权益的成功经验，结合我国具体国情，进一步提出了保护我国环境弱势群体权益的政策建议。

　　我国环境弱势群体主要包括污染行业企业一线工人、污染企业周边居民、农村癌症高发区域居民以及环境开发移民和生态保护移民等。他们面临的主要问题是：基本权益受损、制止侵害困难、法律索赔困难。造成环境弱势群体困境的原因主要有三个方面：从政府方面来看，地方政府在环境监管方面尚存若干不足；从企业方面来看，企业的社会责任感普遍较为欠缺；从社会层面来看，司法救助和社会救助较为缺失。

　　保护环境弱势群体基本权益的政策应从三方面着手制定。一是明确环境弱势群体权益保护的多元主体。地方政府应进一步转变职能，落实科学发展观；环保部门应加大作为、加强环保力度；民政部门应加强调查研究、制订切实可行的社会救助方案；各类企业应改善自身行为、承担社会责任；非政府组织应积极发挥作用、提供多种援助；环境弱势群体应增强环境意识和法律意识、依法有效维权。二是确立环境弱势群体权益保护的基本原则。应构建一个以公民健康不受侵害为底线要求、以完全填补性加害赔偿为追加要求，以直接快速受害救济为必要保障、以培育可持续生活能力为开发要求的制度体系。应坚持两项补充性原则：企业环保行为奖励原则和弱势群体恶意行为预防原则。三是健全环境弱势群体权益保护的宏观政策，包括：完善相关法律规定、建立健全行政规划公众参与制度、设立环境基金、加强基层环境监管、加强对乡镇企业的管理、深入推进环境责任保险制度、加强对相关人员的生态环境教育等。

关键词：环境正义　环境弱势群体　环境群体性事件　生态文明

Abstract

Concern for vulnerable groups and protecting them are important symbols of modern social civilization and progress. The environmental vulnerable group is one of the new vulnerable groups of modern society, they mainly refers to the groups whom are at disadvantage status in the environmental resources possessing, environmental pollution avoiding, environmental risks undertaking and unable to change the current situation. In the context of the intensified current environmental crisis, the environmental vulnerable groups are very need to be attention.

Inthis book, I combed the related theory at home and abroad deeply, investigated the basic status of environmental vulnerable groups in our country, carried out a large amount of depth interviews and questionnaire surveys, wanted to summarize the current main problems facing them and analyze the main reasons of these problems. On this basis, I carried on a comprehensive analysis of our country's environmental mass incidents since 21 century, and analyzed the basic demands and its expression manner of environmental vulnerable groups through these events; I combed the international successful experiences in rights and interests protection of environmental vulnerable groups, and then put forward relevant policy suggestions of rights and interests protection of environmental vulnerable groups with combining actual situation of China.

Our country's environmental vulnerable groups include pollution enterprises front-line workers, pollution enterprises surrounding residents, rural residents in cancer high-risk areas, immigrations of environmental development and ecological protection, etc. Their main problems are that the damage of basic rights and interests, the difficulties of stopping the infringement, the difficulties of legal claim and so on. The reasons for difficulties of environmental vulnerable groups mainly includes three aspects: From the point of the government, the local governments have some shortage in environmental regulation; from the point of enterprises, they generally lack of social responsibility; from the point of society, the judicial relief and social relief are very lack.

We canformulate the protection politics of environmental vulnerable groups' basic rights and interests from three aspects. First is to confirm multiple protection subjects of the rights and interests of environmental vulnerable groups. Local governments should further change function, carry out the scientific development concept; environmental protection departments should strengthen action, strengthen the efficiency of environmental protection; civil affairs departments should research the conditions, formulate social assistance scheme; all kinds of enterprises should improve their behavior, undertake social responsibility; non-governmental organizations should actively play a role, offer various assistance; environmental vulnerable groups should strengthen environmental consciousness and legal consciousness, assertion of rights in accordance with the law validly. Second is to establish the basic rights and interests protection principles of environmental vulnerable groups. We should establish a institutional system which take the principle of citizens' health can not be violated as a bottom-line requirement, take the principle of completely fill compensation as an additional requirement, take the principle of direct and fast victims relief as a necessary security, take the principle of cultivating sustainable living ability as a exploitation demand. At the same time, we also should insist on two complementary principles: the principle of encouraging enterprises' environmental protection behaviors and preventing vulnerable groups' malicious behaviors. Third is to improve macro policies of rights and interests protection of environmental vulnerable groups. Its include that perfecting the relevant laws and regulations, establishing and perfecting the system of public participation in administrative planning, establishing environmental fund, strengthening grass-roots environmental regulation, strengthening the management of township enterprises, promoting the environmental liability insurance system, strengthening the ecological education of the relevant personnel and so on.

Key words: Environmental justice   Environmental vulnerable groups   Environmental mass incidents   Ecological civilization

目　　录

Contents

Contents

图表目录

第一章 环境弱势群体概述

近年来，随着环境问题的日益严重，人们对环境问题的关切也与日俱增。可以说，21世纪是环境的世纪，21世纪是建设生态文明的世纪。自党的十七大报告提出加强生态文明建设以来，党和政府对生态文明建设的重视程度不断增强。党的十八大报告对生态文明建设空前重视，将生态文明置于"五位一体"的总体布局之中，并提出要加强生态文明制度建设。党的十八届三中全会又进一步强调，建设生态文明，必须建立系统完整的生态文明制度体制，用制度保护生态环境。在这一宏观背景下，学术界对生态文明的研究一再升温，有关生态文明的研究成果蔚为大观。从学科角度来看，国内学者对生态文明的研究涵盖了哲学、伦理学、马克思主义、文艺理论、教育学等多个学科；从研究视角来看，其切入角度涉及科学技术、自然观、文化、审美、伦理道德等多个角度。但截至目前，关于我国生态文明制度的研究，尤其是从以人为本的角度进行制度设计的研究仍较为薄弱。

从以人为本的角度来看，环境问题绝非单纯的技术问题或工业文明的问题，而是具有明显的社会结构特征，在环境问题面前，不同社会群体的地位具有明显差异。相对而言，在政府决策和企业行为面前，民众在环境问题方面处于弱势地位；在富裕阶层和权力阶层面前，低收入者和低参与能力者处于弱势地位。只有充分考虑到这些处于弱势地位的群体的环境诉求，保护他们的环境利益，才能从根本上推进我国的生态文明建设。反之，如果不能看到这种群体之间的差异性，就不能从根本上反思环境问题，导致环境问题愈演愈烈。而关注环境弱势群体的权益保障，正是本书研究的核心内容。

第一节 环境弱势群体的基本含义

"弱势群体"一词的官方应用在国内最早出现于朱镕基总理 2002 年的《政府工作报告》中，体现了我国在政策制定方面对公平性的追求。弱势群体可以分为生理性弱势群体和社会性弱势群体。生理性弱势群体主要是指由于生理方面的原因而相对在体力或智力等方面处于弱势的群体，如残疾人、老年人、妇女、儿童等；社会性弱势群体则主要是指由于社会原因而相对在经济条件或竞争能力等方面处于劣势的群体。环境弱势群体属于社会性弱势群体，主要是指在环境资源享用、环境污染规避、环境风险承担等方面处于不利地位的群体。

一 环境弱势群体的叙述语境

"环境弱势群体"是一个新生术语，这一术语在我国的出现仅是近几年的事情。根据笔者的不完全统计，我国最早明确使用"环境弱势群体"这一术语的是黄锡生、关慧，他们于 2006 年对环境弱势群体的概念进行了界定，指出环境弱势群体是不同于文化、经济、政治等方面弱势群体的一类独特的弱势群体，是指在自然资源利用、环境权利与生态利益分配与享有等方面处于不利地位的群体。此后，这一术语的概念虽有一定拓展，但国内研究多是从环境资源的分配和占有方面的弱势角度来看待环境弱势群体的，因此，大多数研究将环境弱势群体界定为农民。这些研究带有强烈的"三农"色彩，在一定程度上推进了我国新农村的研究和建设，具有深远的历史意义。

但是，仅仅将环境弱势群体笼统地界定为农民是有失偏颇的：一方面，从群体数量上来看，我国农民人口很多，数量极大，将全部农民都界定为环境弱势群体，而未对农村的社会结构进行深入分析，在一定程度上是将环境弱势群体的数量扩大化了；另一方面，从群体类型上来看，在环境问题上处于弱势地位的，不仅仅是农民，还包括城市低收入阶层、污染企业周边居民以及工矿企业一线工人等，环境弱势群体的外延显然是大于农民这一单独群体的，因此，从群体涵盖类型来看，将环境弱势群体仅仅理解为农民又将其外延缩小化了。所以，有必要对环境弱势群体的含义进行更为全面的解析，以增加这一术语对现实的诠释力。

为了加强对这一术语的理解，首先要分析一下环境弱势群体的一般叙述语境。本书对环境弱势群体的叙述主要基于三种语境：一是"加害—受害"结构；二是"受益—受苦"圈层；三是"富裕—贫穷"差异。

首先来看"加害—受害"结构。从表面来看，环境危机是由于人类不合理的工农业生产行为和不符合生态要求的生活行为引起的，是人类整体在自然观、科技观、生产观、生活观等方面的偏差造成的。但深入分析我们所处的社会结构，则会发现不同群体在环境问题中的处境是不一样的。有些群体的行为引发了严重的环境污染，是环境问题的主要责任者，而自身却较少地甚至没有承担相应的环境污染后果；有些群体并不是引发环境污染的责任主体，但却不成比例地承担了环境污染的后果。这就是环境社会学中的"加害—受害"结构。日本著名环境社会学家饭岛伸子认为，所有的环境问题中都存在着致害者和受害者，必须将环境问题置于"加害—受害"结构中进行分析，才能找到解决环境问题的根本出路。

其次来看"受益—受苦"圈层。一般认为，政府的项目开发是基于国家整体利益对社会发展作出的整体规划，项目建成之后对所有社会成员都是有利的。而日本社会学家梶田孝道等人精细划分了项目开发对不同社会群体的不同影响，有些群体较多地享受了项目开发的利益，而不用承担项目开发带来的负面效应，有些群体则更多地承受了项目开发的负效应，却几乎没有享受到项目开发的好处。这就是所谓的"受益圈"和"受苦圈"的划分，在所有的行政项目开发过程中，几乎都存在着这两类群体的划分，并且二者出现重合的范围很小。

最后来看"富裕—贫穷"差异。粗略来看，环境问题对所有社会成员都有不良影响，所有人都是环境污染的受害者，在环境危机面前，所有社会成员都是受影响的群体，但不同社会成员规避环境污染后果和环境风险的能力是不同的。面对环境污染和环境风险，富裕阶层有更强的能力迁离环境污染地区，规避环境风险；而低收入群体则由于财力条件的限制，很难有能力自由迁徙。这就是收入水平差异造成的环境应对能力的差异。一般而言，低收入群体较之富裕群体更有可能成为环境弱势群体。

下文对环境弱势群体的界定和分析基本上是在这三种语境中展开的，

概括来说，环境问题中的"受害者"、项目开发中的"受苦圈"和由于收入水平低而导致的较低应对能力的群体都属于环境弱势群体。

二 环境弱势群体的概念探讨

一般而言，生理性弱势群体基本是按照某种固定的标准来划分的，某一类个体只要满足了某一条件，就成为固定的显性的弱势群体，如残疾人、老年人、儿童、特殊疾病患者等社会群体。这类弱势群体也由于这些固定的特征而容易被识别，并能享受社会保障部门的救助。与这种固定的识别标准相比，对环境弱势群体的识别则要复杂得多。所谓环境弱势群体就是指在环境问题上处于弱势地位的社会群体，主要是指在环境资源享用、环境负担和环境风险分配等方面处于不利地位而又无力改变现状的群体。其中包括由于各种原因而处于环境决策无权、环境资源贫乏、环境负担较重、环境风险较大的各类社会群体。环境弱势群体的一般特征是较低的受教育程度、较低的经济收入以及由上述原因造成的较低的社会地位等，但这些特征只是识别环境弱势群体的必要条件而不是充分条件。

在对环境弱势群体的识别中，我们倡导一种从实际出发、尊重事实的原则，同时也充分考虑一种可能性的思考路径，即不但关注那些环境利益已经被损害、正在遭受环境污染或承担环境风险的群体，而且强调一种可能性的识别标准，我们认为与社会其他群体相比，那些受教育程度较低、经济收入水平较低以及社会地位较低的群体更有可能成为环境弱势群体。因此，本书拟从现实性和可能性的双重视阈来界定环境弱势群体。

从广义的角度而言，凡是在环境问题上处于无权地位或被动地位的群体，都可以列入环境弱势群体的范畴。如与政府决策部门相比，广大社会民众就处于无权决定环境资源、环境负担和环境风险分配的地位；与强大的有组织的企业相比，单个的处于"原子"状态的社会民众就明显地处于弱势地位，因为企业在生产过程中可能由于对环境的破坏而间接侵害民众的权益，但民众组织起来与企业进行协商或制止企业的破坏行为则要困难得多。所以，广义的环境弱势群体的内涵可以泛指社会民众。

但从更为狭义的角度来看，环境弱势群体主要指向那些更多地承担了环境污染后果和环境风险的群体，他们是社会民众中处于比较弱势地位的群体而不是全部社会民众。从政策制定和社会救助的角度来看，狭义角度的环境弱势群体的内涵是必要的，所以，本书尤其关注那些相比较而言处于弱势地位的社会群体，也即相对狭义的环境弱势群体概念。

三　环境弱势群体的基本类型

根据我们对环境弱势群体的上述理解，我们可以将环境弱势群体划分为环境资源匮乏群体、环境利益受损群体、环境风险承担群体和环境污染受害群体等基本类型。

1. 环境资源匮乏群体

环境资源匮乏群体主要是指在环境资源的分配和占有方面占有环境资源较少或对环境资源缺乏支配权的社会群体，目前我国的环境资源匮乏群体主要是广大的农民。自新中国成立以来，受国际国内各种形势的制约，我国采取了优先发展工业和重点建设城市的发展方针，逐渐形成了城乡之间的剪刀差格局，城乡二元结构日益明显，农村建设水平明显落后。进入21 世纪以来，新农村建设受到党中央的高度重视，尤其是 2005 年党的十六届五中全会提出扎实推进社会主义新农村建设以来，我国学者对"三农"问题进行了深入研究，对农村的环境弱势群体给予了较多关注。

在新农村建设的视阈下，农民是我国最大的环境资源匮乏群体。从整体环境状况而言，"目前我国农村有 1.5 亿亩耕地受到污染，每年 1.2 亿吨的生活垃圾露天堆放，3 亿多农民喝不上安全的饮用水……"[①]。我国长期对农村投入不足，使得农村的环境处于脏、乱、差的状态，环境设施明显缺乏，不少地区尚未设置垃圾集中设备，环境监测尤其是水质监测更是没有将农村地区覆盖在内。相对于城市群体而言，农民在环境资源的占有和使用方面均处于劣势。不仅如此，在环境污染和环境风险的分配方面，污染密集型产业和大型垃圾处理站点的选址更倾向于农村地区。"环境污染对农民造成的直接经济损失和间接经济损失，特别是对农民健康的损害，已成为农民最大的精神负担和经济负担。"[②]

[①]　黄鹏：《新农村建设中环境公平问题的思考》，载洪大用《中国环境社会学：一门建构中的科学》，社会科学文献出版社 2007 年版，第 225—234 页。

[②]　同上。

除了农民这一群体外，环境资源匮乏群体还包括环境投资不足区域的居民，如广大西部地区的民众在享有环境资源方面较东部地区明显偏少，欠发达地区的环境投资也明显不足，这些地区的群众在广义范围上也属于环境资源匮乏群体。

2. 环境利益受损群体

2007年，党的十七大报告旗帜鲜明地提出了建设生态文明的宏伟目标，这是我国在新时期对全球生态危机的回应，也是改善环境状况的重大举措。生态文明是我国在总结社会主义现代化建设经验、概括社会主义现代化建设规律的基础上提出的新思想。它的实质要求是"以资源环境承载力为基础、以自然规律为准则、以可持续发展为目标的资源节约型、环境友好型社会"①。生态文明建设不仅要求处理好人与自然的关系，还要求协调好不同社会群体之间的利益关系。我国的生态文明建设在取得长足进步的同时，也使某些社会群体的环境利益受到了一定程度的损害。

在生态文明建设的视阈下，环境利益受损群体具体包括所在单位属于污染行业而被关停并转的失业群体、生态建设造成的失地农民、因为自然保护区的建设而迁移或被迫改变生产方式的群体等。在生态文明建设进程中产生的环境利益受损群体，具有不可避免性和暂时性，但他们的生产方式、生活方式受到了影响，收入水平也处于不稳定状态，生活质量受到了某种程度的影响，应该引起我们的重视。

3. 环境风险承担群体

现代社会的一个突出特点是风险性增加，形成了所谓的风险社会。在风险社会的大背景下，由于现代工业技术的部分不可控性，从而使得环境风险的出现成为一种必然，如核电站、垃圾焚烧站等现代技术设施，虽然在正常情况下是安全的，对环境的影响较小，但不能完全排除核设施出现问题、垃圾焚烧产生二噁英等致癌物质的可能性，而这种可能性就构成了环境风险。而这些风险的分配并不是在社会各阶层平均分布的，风险的分配具有明显的向社会底层倾斜的特点。

---

① 中共中央文献研究室：《十七大以来重要文献选编》（上），中央文献出版社2009年版，第78—79页。

所谓环境风险承担群体主要是指较其他社会阶层承担了更多环境风险的社会群体，主要包括核电站周边居民、大型垃圾处理设施、有毒废弃物弃置点周边居民以及其他存在环境风险的设施的周边民众等。对环境风险承担群体而言，虽然他们得到了一定的环境补偿，但是一旦环境风险变成现实的危害，最先受到影响的就是他们，而危害的结果可能是不可逆的或毁灭性的。

4. 环境污染受害群体

现代社会环境污染的方式众多，一般将其表述为点源污染和面源污染两种方式。点源污染主要是指污染来源相对明确和固定的污染，包括工矿企业的水污染、空气污染和固体废弃物污染，以及农村地区的规模养殖业产生的废水、动物粪便等；面源污染主要是指污染来源难以确定的、来源众多的污染，如农村地区使用农药对水质造成的污染、生活污水造成的污染等。除此之外，我们认为，还存在一类污染，可以暂时将其称为线源污染，即以流域污染为特征的各类污染，如黄河上游山西、陕西地段的污染也给下游造成了重大损失，某些河流的局部污染对所在流域造成的整体污染等。

所谓环境污染受害群体，就是指在现实生活中遭受上述污染较严重的社会群体，其中，农村地区的居民往往既是面源污染的受害者，也是线源污染的受害者和点源污染的受害者；污染企业的一线工人及周边居民则主要受到点源污染的侵害；生态恶化地区的农民则主要受到了线源污染的侵害。从受害程度和紧急程度来看，我们往往更为关注污染企业一线工人、周边居民以及生态恶化地区的农民这几类群体。

需要说明的是，上述划分标准只是相对而言的，环境弱势群体的各种类型在外延上有可能存在交叉。如农民既是环境资源匮乏群体，又很有可能是环境污染受害群体和环境风险承担群体；城郊居民既是环境污染受害群体，也有较大可能是环境风险承担群体等。我们认为，在上述四类环境弱势群体中，环境污染受害群体较多地承担了环境污染的后果，环境利益和身体健康等受到了侵害，迫切需要出台相关政策制止对他们的环境侵害，保护他们的切身权益。

第二节　环境弱势群体的研究意义

通过上述分析，我们已知环境弱势群体主要是指在环境利益分配、环境污染受害和环境风险承担等方面处于不利地位而又无力改变现状的群体，它与其他社会性弱势群体既有交叉重叠又不完全重合，它更多的是一个政治学和社会学的弱势概念，而不是生理意义上的弱势概念。近年来我国环境质量总体下降，环境污染的后果更多的被环境弱势群体所承担。可以说，在环境危机面前，环境弱势群体受害程度最深，生命健康遭受损失，是最需要关注的群体。

有关资料表明，我国因环境问题引发的群体性事件以年均29%的速度在增长，其中环境弱势群体的正当要求缺乏伸张渠道、切身利益得不到有效保障是重要原因。因此，加强对环境弱势群体的研究，把环境弱势群体的权益保障提到相当的政治高度来认识和研究，对于建设社会主义生态文明、贯彻落实科学发展观、推进社会公平正义、实现以人为本、建设和谐社会等均具有重要意义。

一　社会良性运行的必要条件

改革开放以来，各地政府通过招商引资或优惠扶持等多种方式引进或批准了众多企业在本地发展，有力促进了当地经济的发展、有效解决了当地群众的就业等问题。但根据相关统计，这些外资企业在农药、油漆、染料、制革、电镀、电池、造纸、制药等高污染产业的投资比重高达30%，[①]而乡镇企业更是由于生产能力低和技术含量差而难以达到环保要求。这些企业在经过了最初的选址建设、投入运营后，现在已经到了环境后果集中显现的时期。所以我国当前正处于环境风险高危时期，环境冲突呈明显的高发态势。

就环境污染的影响程度而言，企业工作人员和周边居民承担了较多的

---

① 夏友富：《外商投资于污染密集型产业的比例之高不容忽视》，《开放潮》1995 年第 4 期。

环境污染后果，随着污染的加剧和社会群体环境意识的增强，这些群体对环境质量的诉求会逐渐增强，民众与污染企业之间的关系将趋于紧张。针对这一形势，我们必须未雨绸缪，从注重对环境冲突的事后解决转变为对环境冲突的事前预防；从考虑对环境冲突的应急方案转变为对引发环境冲突原因的全面排查；从对突发事件的短时应对转变为对社会建设的长期投入；从关注环境污染的最后结果转变为对企业生产行为的全程监控，切实构筑环境弱势群体权益的保障体系，确保社会的良性运行。

二 公平正义彰显的现实要求

公平正义既是伦理学的传统论域，又是哲学、政治学、法学等学科的核心论题，是社会群体普遍关注的焦点问题之一，是协调人类利益关系的基本前提，对公平正义的追求是人类社会永恒的主题之一，是人类社会制度渐趋完善的不竭动力。在对公平正义的追求中，人类社会取得了若干具有实质性突破的思想性成果和制度性建树，体现了人类社会的巨大进步。可以说，公平正义是社会秩序得以维持的必要前提，是社会存在的必备条件。

在当前的环境问题中，存在着明显的违背公平正义的因素。典型的表现就是污染企业对周边民众的间接侵害。污染企业作为环境问题的致害者，它们向公共环境超标排放，透支公共环境资源，以对公共环境质量的破坏攫取利润，以对周边民众健康的损害换取自身的发展。这是对社会正义的公然践踏，是对社会公平的严重遮蔽。而污染企业周边民众多是经济收入低、受教育程度低、无力改变自身居住处所的环境弱势群体，生活境遇和环境处境堪忧。我们只有从污染企业周边民众的现实状况出发，真正关心周边民众的环境诉求，制定出向这些环境弱势群体倾斜的保护性措施，让污染企业拿出适量资金进行合理补偿，并逐步减少乃至消除环境污染行为，才能确保社会公平正义的弘扬彰显。

三 生态文明建设的重要任务

生态文明建设重在建立人与自然的和谐关系，实现人与自然的永续发展，人的主体作用的发挥是建设生态文明的基本条件。而环境弱势群体既是生态文明建设要保护的群体，也是生态文明建设的重要依靠力量。

保护环境弱势群体的基本权益是生态文明建设的重要任务。党的十八大报告指出，要从源头上扭转生态环境恶化趋势，为人民创造良好生产生活环境。目前我国环境退化的总体趋势还没有得到有效遏制，在这一总体形势下，环境弱势群体的生活环境和生产环境遭到了破坏，进而影响到了他们的生活质量和身体健康。所以，必须把环境弱势群体的权益保障作为我国生态文明建设的重要任务，从改善他们的生产生活环境入手来提高他们的生活质量。

环境弱势群体也是我国生态文明建设的重要依靠力量。自 1973 年以来，我国先后颁布了 40 多部环保法律，但环境破坏的总趋势并未得到有效遏制。这在某种意义上就是生态文明建设中的"绿色施动者"难题，只有找到了生态文明建设的依靠力量，我们才有可能从根本上扭转环境退化的局势。这就需要我们分析："哪些个体或群体会成为现代工业文明的变革者或生态文明建设的倡导者呢？"[1] 而相对于其他社会群体，环境弱势群体承担了更多的环境负担，他们具有更加迫切的保护环境的现实要求。从世界各国环境污染的状况来看，环境破坏的主要责任者是各类工矿企业，所以，制约企业的环境污染行为、促进企业履行环境责任，是生态文明建设的关键所在。而社会群体尤其是遭受企业污染之害的弱势群体的行动，对企业行为具有重大的形塑作用。因此，发挥环境弱势群体的监督功能，是遏制环境退化、建设生态文明的有效路径。

四　以人为本理念的集中体现

以人为本是科学发展观的核心，它的基本要求是尊重人民的主体地位，始终以最广大人民的根本利益为出发点和落脚点，解决好人民群众最关心、最直接、最现实的利益问题，实现好、维护好、发展好最广大群众的根本利益。从以人为本的视阈来看，生态文明建设的根本目的是为人民群众提供一个良好的生产、生活环境，不断提高人民群众的生活质量。而当前我国的环境弱势群体较其他社会群体承担了更多的环境负担，保护他们的基本权益，是我们当前生态文明制度建设的重要任务之一。

---

① 郇庆治：《社会主义生态文明：理论与实践向度》，《江汉论坛》2009 年第 9 期。

以污染企业的发展和民众的健康为例，污染企业作为环境污染的肇事者，它们对周边民众的基本生存权和健康权构成了危害，如新昌药品污染事件、长兴蓄电池厂污染事件、康菲溢油事件等，这些污染企业给周边民众的生命、财产安全造成了重大损失，影响了周边民众的正常生产、生活秩序。只有切实保障他们的基本权利，才能真正体现党以人为本的执政理念。

环境弱势群体的存在不是我国独有的现象。如何帮助环境弱势群体，解决他们的实际困难，减少环境弱势群体的产生，是各国政府普遍关注的一个问题。所以，做好环境弱势群体的帮扶工作，关心环境弱势群体的权益保护，既是以人为本执政理念的集中体现，也是社会建设良性运行的必要条件，更是公平正义弘扬彰显的现实要求，是社会主义制度优越性的集中体现。同时，做好环境弱势群体的权益保障工作也是我党执政能力的集中体现，是推动社会管理进步的重要契机，是树立良好国际形象的有利条件。

第三节　环境弱势群体研究综述

随着环境危机的不断蔓延，近几十年来在世界范围内形成了以环境关涉为中心的若干新生学科，如环境伦理学、环境政治学、环境经济学、环境社会学、环境法学等。这些新生学科的形成和发展，一改环境科学领域自然科学占据主导地位的格局，形成了环境学科的汇流融合，哲学社会科学的生态化趋势加深了人们对生态环境问题的理解，从最初单纯的技术反思逐渐扩展到包括哲学、伦理学、政治学、经济学、社会学、法学等多种学科在内的综合反思，并逐渐意识到环境危机现象背后更为深刻的政治、经济、文化等因素的作用，为环境危机的最终解决提供了某种可能。

从学理层面来看，西方早期的生态思潮主要是在人与自然的关系场域中讨论环境问题，将人类作为一个整体来看待。美国学者默里·布克金（Murray Bookchin）的社会生态学思想揭示了不同群体在自然面前的不平等结构，开启了从"人与人"的关系场域讨论环境问题的时代。日本社会学者饭岛伸子提出了环境问题中的"加害—受害"结构，论证了环境问题中加害方和受害方的对立；梶田孝道概括了"受益圈—受苦圈"的分析模式，考察开发项目对不同群体的不同影响。这些研究都为环境弱势群体的研究提供了学理上的依据，环境弱势群体逐渐进入人们的研究视阈。从社会现实层面来看，各国的少数族裔、有色人种、妇女、儿童、农业生产者、低收入者等在环境负担和环境风险方面不成比例的承担，催生了如火如荼的环境正义（Environmental Justice）运动，这些运动不断拷问着各国的社会良心，进一步引发了学术界对环境弱势群体的关注。

一　国外研究综述

国外对环境弱势群体的研究涉及环境社会学、环境法学、环境经济学、环境政治学等学科，对环境弱势群体的关注是在反对公害的过程中，尤其是在环境正义运动的大背景下展开的。从国际范围来看，日本在第二次世界大战后迅速崛起，大规模的工业生产和环境开发对环境造成了严重损害，从而造成了20世纪60—70年代严重的公害问题，使得环境弱势群体的生存和健康受到关注。美国则是由于长期以来的种族歧视、族群不平等等社会问题的存在，导致在环境政策方面的种族歧视和阶层歧视，引发了为数众多的环境运动，使学术界和政府注意到了弱势群体的权益保护等问题。美国的环境弱势群体研究肇始于20世纪80年代初期。1982年，美国北卡罗莱纳州沃伦县爆发了抗议在本地区设置危险废弃物填埋场的运动，拉开了环境正义运动的序幕，引发了学术界对环境弱势群体的关注，开启了对环境弱势群体的研究。学者们对环境弱势群体的生活状况、形成原因和改善方法等进行了研究，还有少量研究注意到了发展中国家和第三世界国家。因此，本书国外综述部分主要梳理了美国的相关研究，同时对于日本学者的研究予以关注，兼及其他国家学者的部分研究。需要说明的是，国外的相关研究并未明确使用环境弱势群体这一术语，它们分别指向环境风险承担群体、环境污染受害群体等，本书将其综合理解为环境弱势群体的研究。

1. 揭示了环境弱势群体的结构组成

由于种族主义根深蒂固的影响，美国的少数族裔、有色人种等一直处于社会生活的底层，与此同时，由于资本逻辑和市场经济体系的运行，贫困者在社会中也一直处于不利地位。而学者们通过调查研究发现，这些群体同样处于环境弱势地位。

1995年，罗伯特·布拉德（Robert Bullard）通过大样本的数据调查指出："白人享受了环境种族主义的益处，而有色人种、非裔美国人和贫困社区人口却承担了过多环境污染的负担，主要表现在有毒废弃物的留存、倾倒，不健康的生活和工作环境等方面。由于住区隔离和种族主义的制度化，在美国西北部、中西部、西部和南部的郊区，大量的贫民窟、环境疾病等已经司空见惯。"①

2004年，艾迪·R.费拉拉（Adi R. Ferrara）对贫穷地区和穷人的环境弱势地位进行了分析，指出："整体而言，贫穷地区的环境破坏更为严重。在美国，路易斯安那州是一个以'癌症街'闻名的贫穷之州。密西西比河下游沿岸分布着125家公司，其中许多公司会在生产过程中产生高度危险的废弃物。……穷人倾向于缺乏良好的教育和强大的政治权力（因为他们没有时间和资源去获得教育）。当企业开始迁入时，许多路易斯安那州癌症街的人尚未意识到危险废弃物的危害。他们中的许多人，历经多年的被歧视，不再信任政客和官员。他们的土地是廉价的，而且路易斯安那州提供给大公司减税政策，这一财务上的优惠吸引着这些公司。"②

2008年，罗伯特·J.布鲁勒（Robert J. Brulle）和戴维·N.皮罗（David N. Pellow）对美国的环境运动进行了研究，指出："环境污染的负担被不平等地置于有色人种和贫困者的社区。这些负担涉及有毒污染物的持续存在，有毒废弃物的堆积，高度的空气污染，不健康和被污染的生活和工作环境。"③

2009年，罗伯特·柯林（Robert Collin）指出："大多数有色人种的社区不成比例地受到环境危害的影响。将有毒有害设施放置在低收入者和非裔美国人社区附近或周边的做法，在美国已成为惯例。联合基督教会1986

① Robert Bullard, "Residential Segregation and Urban Quality of Life", Bunyan Bryant, *Environmental Justice: Issues, Policies and Solutions*, Washington: Island Press, 1995, pp. 76 – 85.

② Adi R. Ferrara, "Poverty", Richard M. Stapleton, *Pollution A to Z*, New York: Macmillan Reference USA, 2004, pp. 140 – 145.

③ Robert J. Brulle, David N. Pellow, "Environmental Movements", Gary A. Goreham, *Encyclopedia of Rural America: The Land and People*, Millerton, NY: Grey House Publishing, 2008, pp. 337 – 341.

年以及 2006 年的两次调查显示，在放置商业垃圾站点可能性的论证中，种族特征超过其他任何特征……一个社区非裔美国人越多，这些非意愿的土地使用比例就是 99% 的确定性和万分之一的随机性机会。"①

日本社会学家饭岛伸子则从"加害—受害"的社会结构来看待环境弱势群体，她认为在所有环境问题中，都存在着致害者与受害者，并且灾害往往集中发生在社会地位和经济地位低下的人们身上。如在日本四大公害病事件中，受害者最多的职业分别是渔民、半农半渔民、农村的经产妇等。同时，她还强调，土著民族是最容易受到现代工业和开发影响的群体。②

从已有研究成果来看，环境弱势群体基本都是本国经济和社会地位低下的成员，如美国环境弱势群体的组成结构主要包括有色人种、非裔美国人、西班牙人和贫困社区的居民等；而日本的环境弱势群体则主要是从事传统产业的阶层，如渔民、半农半渔民等。环境弱势群体的具体指向虽然不同，但依然可以看出在社会上处于弱势地位的群体更有可能成为环境上的弱势群体。

2. 对环境弱势群体形成原因的分析

对环境弱势群体产生原因的分析是在环境正义研究大背景下展开的，因而它必然指向产生环境不公正的政治和社会原因，这就使得美国、日本等国的学者对环境弱势群体的成因分析天然地带有宏观倾向和政治关涉。他们认为政府的宏观政策不当、资本主义制度、不合理的产业扩大政策等是产生环境弱势群体的主要原因。

首先，格雷内斯·丹尼尔斯（Glynis Daniels）分析了资本主义制度与环境不公正之间的联系。他于 2001 年指出："有些学者已经在环境不公正和资本主义生产的一般理论之间建立了联系。为了证明这些思想与环境正义运动之间的联系，（我们）需要确认产生不公正的具体机制。其中被提及的一些因素包括住区隔离、土地价值的市场驱动、职业隔离和程序不

---

① Robert Collin, U.S, "Environmental Protection Agency", J. Baird Callicott, Robert Frodeman, *Encyclopedia of Environmental Ethics and Philosophy*, Detroit: Macmillan Reference USA, 2009, pp. 353 – 357.

② ［日］饭岛伸子：《环境社会学》，包智明译，社会科学文献出版社 1999 年版，第 122—123 页。

公。"① 他进而指出："自由民主资本主义国家面临两个相互矛盾的目标：一是更多的资本积累和私人企业的利润，二是保护公民个体和社区的利益。尤其是在环境治理方面，这两个目标是相互冲突的，因为环保法规对公民的保护必须牺牲企业的外部性利润。"② 由于自由资本主义制度的运行规则，企业势必以追逐最大限度的利润为目标，较少或根本不考虑自身生产行为给民众带来的环境危害，从而造成环境弱势群体的产生。

其次，彼得·S. 温茨（Peter S. Wenz）分析了政府决策的经济取向对贫困者的不利影响。温茨于 2006 年撰文指出，政府在发展过程中采用成本效益分析（CBA）来评估环境政策，是导致贫困者成为环境弱势群体的重要原因。成本效益分析将所有价值转化成货币形式，以便识别出哪种政策能将社会总财富最大化。这种分析方式对穷人是不公正的，它会给人造成这样一种假象：不是因为种族主义者的意图，而是因为他们太穷了，无法支付更好的工作和生活条件。③ 由于往贫困者居住的社区倾倒垃圾、设立废弃物填埋场等付出的经济代价最小，因而这类群体极易沦为环境弱势群体。

日本学者则认为政府的开发决策、产业政策以及工矿企业的污染行为是环境弱势群体产生的原因。鸟越皓之从"受益圈—受苦圈"的结构入手，分析了政府大规模项目开发产生的问题。鸟越皓之指出，在现代化幻想的支撑下，日本于 20 世纪六七十年代以后，进行了大量的高速公路、机场、核电站、火力发电站、石油化学炼油基地的建设，这些大规模开发给一般国民带来了小小的利益，却将致命的牺牲强加在规划地区附近的居民身上。由于项目开发带来的大气污染、水污染等问题，当地居民的生活遭到毁灭性的破坏。④

3. 对改善环境弱势群体境遇的建议

关于环境弱势群体的境遇改善问题，美国学者的建议既涉及社会关系结构和人类社会秩序等宏观层面，也包括社会工作和法律规定等微观层面。

---

① Glynis Daniels, "Environmental Equity", *Encyclopedia of Sociology*, Vol. 2, 2001, pp. 788 – 800.
② Ibid. .
③ Peter S. Wenz, "Environmental Ethics", *Encyclopedia of Philosophy*, Vol. 3, 2006, pp. 258 – 261.
④ ［日］鸟越皓之：《环境社会学——站在生活者的角度思考》，宋金文译，中国环境科学出版社 2009 年版，第 94—95 页。

从宏观层面来看，温茨指出解构当前的父权社会结构，建立平等的社会关系结构，将有助于环境公正的最终实现。① 布鲁勒和皮罗则于2008 年提出了"松散的环境正义框架"，他们将环境问题视为人类社会秩序的产物，认为环境问题的解决之道在于社会的变革。② 从微观层面来看，蓝迪·斯托格特（Randy Stoecker）从社会工作的角度指出应该建立和发展社区组织，参与当地的环境事务，进而影响政府的环境决策。③ 布拉德从法律角度提议依据公民权利法案确保公民的环境权，并建议举证责任倒置，将由受害者举证污染者的责任改为由受指控者负举证责任等。④

日本学者则针对环境弱势群体救济的原则和具体制度等开展了较为细致的研究。日本著名经济学家宫本宪一论述了对环境弱势群体进行救济的六个原则：第一，恢复原状，即不仅恢复受害对象的身体健康，还要使自然、街道、景观等恢复到受害前的水平；第二，救济应是终生保障，实施永久性救济；第三，必须实施综合性的救济；第四，尊重受害者的意愿；第五，受害救济的责任必须由污染者来承担；第六，救济受害时，必须同时考虑公害的消除与预防。⑤ 日本环境法学者原田尚彦则认为应在对受害者进行私法救济的基础上，建设行政救济制度，他具体论证了行政救济的必要性及救济制度的类型、性质等问题。他认为，行政救济制度可以在救济速度、救济实效等方面具有巨大优势，政府有确立行政救济制度的义务。⑥

改善弱势群体的境遇是环境弱势群体研究的目的，从国外相关研究来看，这些改善建议既涉及社会基本结构的改进、政府宏观政策的调整，也涉及法律制度的完善、救济渠道的拓展等问题，美国学者的研究较为宏大

① Peter S. Wenz, "Environmental Ethics", *Encyclopedia of Philosophy*, Vol. 3, 2006, pp. 258 – 261.

② Robert J. Brulle, David N. Pellow, "Environmental Movements", Gary A. Goreham, *Encyclopedia of Rural America: The Land and People*, Millerton, NY: Grey House Publishing, 2008, pp. 337 – 341.

③ Randy Stoecker, "Community Organizing", *Encyclopedia of Urban Studies*, Vol. 3, 2010, pp. 179 – 180.

④ Robert D. Bullard, Decision Making, in Laura Westra and Bill E. Lawson, eds., *Faces of Environmental Racism: Confronting Issues of Global Justice*, Lanham: Rowman & Littlefield Publishers, pp. 9 – 20.

⑤ ［日］宫本宪一：《环境经济学》，朴玉译，生活·读书·新知三联书店 2004 年版，第 192—193 页。

⑥ ［日］原田尚彦：《环境法》，于敏译，法律出版社 1999 年版，第 46—47 页。

与综合，而日本学者的建议则更为细致并具有可操作性。

4. 对发展中国家和第三世界国家的研究

从当前的国际局势来看，发展中国家和第三世界国家处于环境污染的受害地位，发达国家的有毒化学废弃物以及污染企业部分转移到了这些国家和地区，对这些地区的原住民造成了毁灭性的环境后果。

美国学者丹尼尔斯于 2001 年指出，向第三世界国家出口有毒废弃物已经成为一个主要的政治问题。由于处理费用的上升，美国和西欧一些机构开始寻找新的地点处理它们的垃圾。林达·麦考夫（Linda Rehkopf）于 2003 年指出，发展中国家和第三世界国家正面临着空气、水、土地污染的加剧，发达国家经常往发展中国家倾倒其废弃物；同年，尤金·R. 瓦尔（Eugene R. Wahl）和 E. 沙德鲁（E. Shrdlu）也通过研究发现，发达国家将它们具有工业危害的污染工厂和机器设备转移到发展中国家。越来越多的制造商将危险产业如纺织、石化、化工、冶炼以及电子等转移到拉丁美洲、非洲、亚洲和东欧。

美国学者费拉拉认为，造成这种状况的原因主要是发展中国家和第三世界国家缺乏相应的法律约束和严格的环境管制，有的政府甚至收取垃圾受理费，使得这一做法合法化，更加剧了这一情形。造成这一现状的另一个原因是这些国家的贫困。因为贫困，需要资金和增加就业岗位等，也在客观上降低了对污染行业的准入门槛。瓦尔和沙德鲁则认为，要改变这一现状需要变革现有的国际经济秩序和社会结构，需要构建一个整体的、新的全球运作系统。

日本的学者也对日本政府向外国进行公害输出的后果进行了研究。饭岛伸子曾列举了日本的矿山开采、铜精炼化工、大规模开发等行为使得韩国、马来西亚、菲律宾、泰国等国家的大气质量和土壤质量遭到严重破坏，对当代人的生活环境造成了无可挽回的破坏。饭岛伸子同时指出，这是发达国家对受害国家的一种歧视行为。①

二 国内研究综述

从国内的研究情况来看，我国对环境弱势群体的研究始于社会学领

---

① ［日］饭岛伸子：《环境社会学》，包智明译，社会科学文献出版社 1999 年版，第30—32 页。

域，并逐渐扩展到法学领域，此后又延伸到经济学领域。我国直接以环境弱势群体为题目的研究很少，陶丽琴2009年的硕士学位论文《环境弱势群体的社会生态学分析》是国内对环境弱势群体进行系统研究的首篇学位论文。她对环境弱势群体的概念、特点、分布状况、基本诉求以及社会支持系统等均进行了研究和论述，采用的主要方法有问卷调查法与结构访谈法等。其他学者则基本是在其著作或论文中部分涉及环境弱势群体。

已有研究基本认为环境弱势群体是指在自然资源利用、环境权利与生态利益分配等方面处于不利地位，且对他人的环境侵害行为经常无力还击的人群，多数研究针对农民群体展开。法学界主要从环境侵权的角度关注环境弱势群体，对我国的环境立法、环境诉讼等提出了若干改进建议，并提出了环境侵害救济法（草案）等。社会学界主要从环境公平的角度对环境弱势群体给予关注，考察环境灾难在不同社会阶层的分布情况，呼吁政府对环境弱势群体进行救济，如设立国家环境基金、对环境弱势群体进行生态补偿等。

1. 对环境弱势群体的概念和范围进行界定和拓展

与国外的相关研究不同，我国学者较为注重对环境弱势群体的概念界定，近年来，学者们从多种角度对环境弱势群体的概念进行了较为严谨的界定，并且探讨了环境弱势群体的组成结构等。

首先是对环境弱势群体的概念界定。由于国情方面的差异，在对环境弱势群体的认定方面，国外学者较为关注环境负担的分配，而我国学者则较为关注环境资源的分配和占有，这与我国人均资源短缺的国情不无关系。2006年，黄锡生、关慧对环境弱势群体的概念进行了较为明确的界定，并特别指出了农民的环境弱势地位："环境弱势群体是相对于经济、文化、政治弱势群体而言的，是指在自然资源利用、环境权利与生态利益分配与享有等方面处于不利地位的群体，本文中特指农民，这种不利状态与他们自身的天赋条件、生活区域密切相关，在一定意义上这种状态是他们自己无法选择的。"[①]

其次是对环境弱势群体组成结构的分析。此类研究主要集中在环境社会学领域。对弱势群体组成结构的描述主要有两种路径，第一类是全景式

---

① 黄锡生、关慧：《试论对环境弱势群体的生态补偿》，《环境与可持续发展》2006年第2期。

描述，以洪大用和宋文新为主要代表。洪大用在环境公平的背景下，从国际、地区和群体三个层次来分析环境弱势群体的组成结构。从国际层面来看，发展中国家相对于发达国家处于弱势地位；从我国地区层面来看，河流上游与下游、城市与农村、东部与西部之间在环境方面的地位是不平等的；从社会群体的层次来看，领导干部与工人和一般干部、富人与穷人、当代人与后代人在环境方面的地位也是不平等的。[1] 宋文新则指出了三类环境弱势群体："在自然资源与自然环境的开发和利用方面存在着弱势群体，发展中国家、后代人以及区域内的弱势居民等都属于这样的弱势群体。"[2] 第二类则是近距离列举式描述，较为突出的是张玉林关于山西省污染区和沉陷区受难者的研究。张玉林从环境社会学的视角切入，揭示了环境灾难在不同社会阶层的分布情况，分析了城市居民和农村人口在环境资源享用方面的巨大差异，考察了官员、企业家和重污染区的居民在应对环境灾难方面的能力差距，详尽介绍了山西省重污染区和沉陷区农民的生存状况：他们的"房屋开裂，土地塌陷，污染严重，水资源枯竭，由此造成当地无法居住，村民也无法维持正常的生产和生活"[3]。张玉林的研究借用了日本环境社会学者饭岛伸子和梶田孝道等人对环境问题的社会分析模式，是较为典型的环境社会学的描述进路。

可以看出，我国对环境弱势群体的研究虽然起步较晚，但在其概念的界定和组成结构的分析方面，反而更具宏观性和整体性，这是我国此类研究的一个突出特点。另外，由于我国对"三农"问题的突出关注，我国学界对农民的环境弱势地位进行了广泛研究。

2. 对环境弱势群体的形成原因加以分析

国内学界对环境弱势群体的研究主要集中于农民这一群体，关于农民环境弱势地位的原因分析较为深入细致，主要表现在以下几个方面。

首先，分析了政府决策方面的原因。我国长期存在的城乡二元结构，使得农村处于劣势地位：发达地区经济增长的生态环境成本由农民承担、广大农民（农村地区）为发达地区的生态安全做出了牺牲，农民未获得合

① 洪大用：《环境公平：环境问题的社会学视点》，《浙江学刊》2001年第4期。
② 宋文新：《发展伦理的核心关怀：维护弱势群体的资源与环境权益》，《长白学刊》2001年第2期。
③ 张玉林：《另一种不平等：环境战争与"灾难"分配》，《绿叶》2009年第4期。

理的生态补偿，城市工业污染向农村转移；① 国家对农村的环境保护投入严重不足等。②

其次，列举了法律建设方面的原因。农村地区环境立法严重缺位，环境管理和执法不严，与城市系统、严密的环保监管相比，农村环保监管几乎是一片空白。③

最后，探讨了农村和农民自身的原因：一是农村的贫困问题依然严峻，农民为了短暂的物质利益不惜损害生态环境等；④ 二是农民普遍环境保护意识淡薄，环境参与程度低；环境维权意识和维权能力薄弱等。⑤

上述关于农民环境弱势地位成因的分析，涉及政治、经济、法律等多种层面，涵盖范围较为全面。但是我国的环境弱势群体并非只是农民这一类群体，污染企业的工人和周边居民、城市郊区贫困居民的环境处境往往比农民更为恶劣，他们环境弱势地位的形成原因也应该引起我国学者的关注和重视。

3. 对改善环境弱势群体境遇的建议

对于我国环境弱势群体境遇的改善，学者们从法律、经济和政策等方面提出了若干微观建议，主要观点概括如下。

首先，从法律方面来看，研究较为突出的当数王灿发、汪劲、吕忠梅等人。王灿发以及他所在的中国政法大学法律援助中心多年来关注环境纠纷，为弱势群体提供法律援助，积累了大量的卷宗资料，发表了若干关于环境弱势群体权益保障的文章；吕忠梅近年来关注环境侵权的法律援助，并出版了与环境弱势群体权益保障密切相关的著作——《理想与现实：中国环境侵权纠纷现状及救济机制构建》，对环境弱势群体进行了较为详细的研究；汪劲对中国环境法治进行的历史梳理涉及环境弱势群体的研究，其主要观点见于他的力作——《环保法治三十年：我们成功了吗》。从具体的研究观点来看，其一是确认公民环境权，将公民的环境权或生态权确

---

① 李克荣、于彦梅：《环境弱势群体——农民环境权保护》，载《2006 年全国环境资源法学研讨会论文集》；李挚萍、陈春生：《农村环境管制与农民环境权保护》，北京大学出版社 2009 年版，第 71 页。

② 曾彩琳：《试论对环境弱势群体——农民的环境权益保护》，《文史哲》2009 年第 4 期。

③ 李挚萍、陈春生：《农村环境管制与农民环境权保护》，北京大学出版社 2009 年版，第 36 页。

④ 曾彩琳：《试论对环境弱势群体——农民的环境权益保护》，《文史哲》2009 年第 4 期。

⑤ 李素华：《论环境弱势群体——农民环境权利的实现》，《经济研究导刊》2009 年第 34 期。

立为人的基本权利;① 其二是确认环境公益诉讼，加强环保立法和执法的民主性;② 其三是完善农村环境保护立法，增强农村环保执法力度；保障农民环境权的实现和救济；建立和完善环境司法救济制度；健全农民利益诉求与维权的机构和机制。③

其次，从经济学方面来看，第一是增加农村环保基础设施投入，提高农村污染防治能力;④ 第二是完善污染者付费制度、设立国家环境基金;⑤ 第三是对环境弱势群体进行生态补偿。如对受益发达地区征收生态环境调节税，完善资源占用和环境污染收费制度;⑥ 建立多元化的补偿资金来源，包括财政转移支付、生态补偿金、生态环境建设补偿专项基金、生态环保资本市场等。⑦ 我国的环境经济学研究还较为薄弱，现有的环境经济学著作几乎都是翻译国外学者的著作。所以，经济方面的建议是散见于期刊论文中的，不像法学方面的研究那么成熟。在经济措施方面，我们需要加强研究如何运用市场手段和经济政策来改善环境弱势群体的处境。

最后，从社会政策方面来看，学者提出的建议主要有：一是延伸社会救助制度，实施环境救济;⑧ 二是建立和完善环境信息公开和公众参与制度，保障农民的环境参与权；三是统筹城乡发展，制定公平的保护农民利益的政策等。⑨ 整体而言，弱势群体研究是社会学学科，尤其是社会工作专业的重点领域，也是民政部门工作的重点之一，但由于环境弱势群体缺乏明显的辨识标志，具有潜在性和暂时性等特征，所以对环境弱势群体救助的研究目前还较为少见，所提建议中针对民政部门的也较为少见。

---

① 李惠斌：《生态权利与生态正义——一个马克思主义的研究视角》，《新视野》2008 年第 5 期。

② 李挚萍、陈春生：《农村环境管制与农民环境权保护》，北京大学出版社 2009 年版，第 199—204 页。

③ 黄帝荣：《论农村弱势群体的环境劣势及其改善》，《湖南师范大学社会科学学报》2010 年第 4 期。

④ 李克荣、于彦梅：《环境弱势群体——农民环境权保护》，载《2006 年全国环境资源法学研讨会论文集》。

⑤ 洪大用：《环境公平：环境问题的社会学视点》，《浙江学刊》2001 年第 4 期。

⑥ 黄锡生、关慧：《试论对环境弱势群体的生态补偿》，《环境与可持续发展》2006 年第 2 期。

⑦ 阳相翼：《论环境弱势群体的生态补偿制度》，《四川行政学院学报》2007 年第 5 期。

⑧ 洪大用：《环境公平：环境问题的社会学视点》，《浙江学刊》2001 年第 4 期。

⑨ 李素华：《论环境弱势群体——农民环境权利的实现》，《经济研究导刊》2009 年第 34 期。

4. 对国际环境正义给予关注

环境弱势群体是在环境危机的大背景下产生的，既与国内经济、政治政策密切相关，也与国际环境正义密切相关。我国处于世界经济分工链条的较低端，由于法律制度不健全和环境违法成本较低，发达国家的电子垃圾、二代替换产品、污染高危行业部分转移到我国境内，在造成环境损害和环境风险的同时，也威胁到周边民众的生存安全，产生了一定数量的环境弱势群体。

近年来，我国学术界对国际环境正义问题给予了一定关注，其中以洪大用和刘湘溶为主要代表。刘湘溶在 2000 年撰文指出，在维护国际环境正义方面，首先要确立环境资源享用权分配方面的正义，其次要确立国际贸易中环境问题的正义，最后要确立国际环境政治制度的正义。[①] 洪大用也在 2001 年指出，包括我国在内的发展中国家要维护环境主权，警惕生态帝国主义。[②]

三　对国内外以往研究的评价

1. 研究视角的多元化

从国内外环境弱势群体相关研究的切入视角来看，占主导地位的是环境社会学、环境法学、环境伦理学等，而从政治学和经济学角度开展的研究则较为少见。环境社会学对环境弱势群体的境遇给予了社会学的实然描述，此类研究以美国学者的研究最为见长；环境法学从法律角度对环境弱势群体的权益进行保护，尤以日本学者的研究最为深入，环境伦理学对环境问题进行伦理学的审视，强调代内环境公平，呼吁环境正义，美国和英国以及欧洲其他国家的学者在这一领域著述较多；环境政治学主要关注公民的环境权保护以及环境基层民主等问题，以德国和美国学者的研究为要；现有的环境经济学较少涉及对环境弱势群体的关注，较为缺乏从经济层面对环境弱势群体倾斜政策的研究。

2. 研究方法的多样性

国内外对环境弱势群体的研究方法是多种多样的。从学科成熟程度来

---

① 刘湘溶、曾建平：《作为生态伦理的正义观》，《吉首大学学报》（社会科学版）2000 年第3 期。

② 洪大用：《环境公平：环境问题的社会学视点》，《浙江学刊》2001 年第4 期。

看，日本的环境社会学、环境伦理学和环境法学都是处于世界前列的。从对环境弱势群体进行研究的方法来看，日本学者较早对环境问题进行了社会学结构的分析，从社会学角度对环境弱势群体进行了较多的定性研究；美国学者则多是在调查数据的基础上，从多个样本或某些个案得出结论，其研究范式以实证研究和定量研究为主。国内环境弱势群体的研究主要沿着逻辑分析的路径展开，也有少数学者使用了问卷调查、深度访谈等统计学和社会学方法。与国外相比，国内关于弱势群体的研究还是偏于定性研究，多以思辨和资料分析为主，其研究范式以理论思考为多。

3. 关注群体的单一性

对环境弱势群体的研究与国情和研究视阈密切相关。如美国社会长期以来形成了种族歧视、族群差异等问题，社会不公在环境问题上有较为明显的体现。所以，美国学者多聚焦于少数族裔、有色人种、穷人和城郊居民等。日本社会没有较为突出的种族差异，所以日本学者的研究多是围绕工矿企业和周边居民的矛盾、政府项目规划开发与受影响群体之间的矛盾以及核设施周边居民的生活状况等问题展开。我国学者基于新农村建设的视阈，关注的重点主要集中在农民这一群体身上，而对城市低收入群体、生态保护区居民、污染企业周边居民等关注较少，关于少数民族地区、河流下游地区、西部地区等环境弱势群体的研究也较为缺乏。另外，无论国际还是国内，对弱势群体的研究往往都是针对某一弱势群体进行单一研究，缺乏对环境弱势群体的总体概括，难以对环境弱势群体形成的社会原因进行更深入的反思。

4. 研究内容的差异性

从研究内容来看，国内外对环境弱势群体的研究涉及环境资源的分配、环境负担的分配、环境风险的承担等各个方面，但关注的内容在国家间有一定区别。如美国学者主要针对有毒废弃物的处理设施选址问题进行了大量的实证研究，注重对弱势群体不合理地承担环境风险的研究，美国的相关研究除了提出具体的微观方法之外，还更加深入地涉及社会文化传统和社会秩序层面的改变，因此多是从社会学、政治学等角度提出的整体性建议；日本学者则关注工矿企业造成的公害污染问题和大型开发项目规划问题，提出了若干法学和行政学建议。国内学者则主要关注环境弱势群体在环境资源分配、开发和利用等方面的劣势，而对弱势群体承担的环境风险关注不够。国内学者的改善建议中较为重视法律建设和经济补偿，其研究视野还多局限于就事论事的层面,所提建议多属微观层面的策略分析,缺乏对预防环境弱势群体产生的社会机制的宏观研究,对构建以哲学、政治学、社会学、经济学、伦理学、法学为依托的综合保障体系研究不足。

四 推进环境弱势群体研究的初步构想

根据我国当前的现实情况,我们认为应从以下三个方面推进我国的环境弱势群体研究:一是拓宽研究视野,二是开展分类研究,三是构建预防保障体系。

1. 拓宽研究视野

与国外相比,我国的环境弱势群体研究还处于起步阶段,研究视野还较为狭窄。在当前形势下,应注重从环境正义和生态文明等角度进行拓展研究。

第一是环境正义的视角。近年来全球环境正义运动风起云涌,对我国民众的环境意识产生了重要影响,民众对环境问题的关注日益加强,对维护自身环境权益的要求也越来越高。我国当前的环境弱势群体研究,应在环境正义的视阈下,关注环境弱势群体在环境污染的承担、环境风险的分配等方面的情况,切实推进我国的环境正义进程,改善环境弱势群体的处境。

第二是生态文明的视角。建设生态文明的宏伟目标,是我国在新时期对全球生态危机的回应,必将对世界的生态化进程产生深远影响。生态文明建设不仅要求处理好人与自然的关系,还要求协调好不同社会群体之间的利益关系。我国当前的环境弱势群体研究,应在生态文明建设的视角下,分析在生态文明建设的进程中,存在和产生了哪些环境弱势群体、他们的基本生活状况怎样、如何妥善解决他们面临的问题等,以丰富和发展我国的生态文明建设理论。

在全球环境正义运动的大背景下,在我国生态文明建设的历史进程中,我们应侧重从公平正义的角度和生态文明建设的角度对环境弱势群体进行透视和分析,不断拓宽研究视野。

2. 开展分类研究

环境弱势群体是一个比较概念,在不同的观察层面,它所包含的群体结构不同。对环境弱势群体的研究，也应分清不同的情况，进行分类研究。

首先从静态的角度划分：一是从国际层面来看，发展中国家和第三世界国家处于环境弱势地位；二是从国内地区层面来看，西部地区、农村地区、经济欠发达地区往往处于环境弱势地位；三是从地域分布层面来看，农村地区居民和城乡结合部居民处于环境弱势地位；四是从民族层面来看，少数民族处于环境弱势地位；五是从性别层面来看，女性处于环境弱势地位；等等。

其次从动态的角度划分：其一是因生态文明建设不到位而产生的，如环境污染受害群体；其二是在生态文明建设过程中产生的，如因产业结构调整造成的下岗人员；其三是在生态文明建设中应该加强扶助的，如生态环境脆弱地区的原住民；其四是由于生态不公正造成的，如环境风险的承担群体；等等。

我们对于各类环境弱势群体的现实状况把握得还不够全面，在这方面仍需下大气力进行田野调查，掌握大量一手资料，摸清我国环境弱势群体的基本状况。

3. 构建预防保障体系

对环境弱势群体的研究，目的在于改善他们的现实境遇，提高他们的生活质量，研究的重点是构建一个保障环境弱势群体权益的预防体系。

当前关于改善环境弱势群体境遇的建议，多是从事后补救的角度提出经济补偿、法律援助等，但如果能从事先预防的角度进行研究，则会更好地体现公平正义，也能更有效地节约社会成本。因此，研究重点应放在如何防止"环境强势群体"的侵害行为上，并围绕这一问题进行制度改进和法律完善，构建一个有效的预防保障体系。而预防保障体系的构建，与国家的发展战略、政府的大政方针、企业的生产管理、社会组织的发展壮大、弱势群体环境意识的增强等因素密切相关，只有这些行为主体都尽到了自己的职责，履行了自己的义务，才能减少或消除环境弱势群体的产生。因此，应对中央政府、地方政府、企业、社会组织、环境弱势群体等多种行为主体的责任进行分别研究，制定有效的战略策略，尽量杜绝或减少环境弱势群体的产生，发挥学术研究对社会建设的预警和指导功能。

第四节　本书研究框架

国内外学者对环境弱势群体的研究主要集中于法学、社会学、伦理学等分散的领域，研究的重点多是事后救助。但环境弱势群体的问题是需要置于国家发展战略层面思考、研究和解决的问题，需要多学科协同攻关，从事先预防的角度对相关制度进行研究。所以，从宏观社会结构和国家战略高度思考环境弱势群体的权益保障，是推进相关研究的必要环节。本书试图通过文本研读、实地调研、问卷调查、深度访谈等多种方法，获得一手调研资料，概括我国环境弱势群体的基本状况，分析他们面临的问题以及造成这些问题的原因，并尝试提出改善他们境遇的政策建议。

一　相关理论对本研究的启发意义

1. 社会正义理论对本研究的启发意义

公平正义是中国特色社会主义的内在要求，是社会良性运转的必要条件。罗尔斯等人的社会正义理论对环境弱势群体的研究具有非常重要的启发意义。

首先，社会正义理论对社会弱势群体给予了极大关注。与功利主义主要关注社会的总体效用不同，罗尔斯关注社会的效用在不同社会成员之间的平等分配，尤其是对最不利者的分配。"罗尔斯凭直觉感觉到，社会中最需要帮助的是那些处于社会底层的人们，他们拥有最少的机会和权力、收入和财富，社会不平等强烈地体现在他们身上。"① 罗尔斯提出了辨识最不利者的方法，在一个秩序良好的社会里，最不利者是指拥有最低期望的收入阶层。如果社会制度不能做到平等分配，则只有有利于社会最少受惠者的不平等才能被接受。

其次，社会正义理论坚持每个公民的基本自由，为弱势群体权益保障研究提供了理论依据。正义理论认为："每个人都拥有一种基于正义的不

---

① 姚大志：《何谓正义：当代西方政治哲学研究》，人民出版社 2007 年版，第 32 页。

可侵犯性,这种侵犯性即使以社会整体利益之名也不能逾越。"① 这是社会正义理论相对于功利主义的巨大进步,它否认了以绝大多数人的利益为目的对少数人进行剥夺的合法性,促使人们重视对弱势群体权益的保护,在社会政策上对他们进行倾斜和帮助。

最后,社会正义理论提出了改善弱势群体处境的原则。社会正义理论坚持所有人的权利和自由不受侵犯的立场,同时还试图通过社会再分配改善弱势群体的处境。罗尔斯指出:"我们应该通过观察在每种体制下最不利者的状况改善了多少来比较各种合作体制,然后选择这种体制,即它比任何其他的体制都能够使最不利者变得更好。"② 罗尔斯等人的正义理论使我们意识到,"一种正义的制度应该通过各种社会安排来改善这些'最不利者'的处境,增加他们的希望,缩小他们与其他人之间的分配差距"③。在制定社会政策的过程中,我们应该借鉴正义理论这一立场,对弱势群体的权益给予重点关注,通过多种手段改善他们的处境,缩小他们与其他社会成员在收入、财富、机会等方面的差距。

2. 环境正义理论对本研究的启发意义

环境正义思想是对生态危机的社会原因进行深刻追问的结果,它超越了生态思潮中的"浅绿"与"深绿"之争,深入分析了生态问题的社会结构原因,从社会支配结构、"加害—受害"结构以及"受益圈—受苦圈"结构来考察不同国家、地区和群体在环境危机中的地位,为环境问题的解决提供了一种人本路径,对于环境弱势群体研究均具有重要的借鉴意义。

首先,环境正义应成为我国生态文明制度建设的价值追求。"环境正义首先是一种价值理念。"④ 环境正义作为对人与人关系、人与自然关系的伦理规约,是对当前生态困境的哲学反思,是解决生态环境问题的可能路径之一,是生态文明制度追求的价值目标。维护环境正义,实现制度公平,既是我国生态文明制度建设的着力点,也是推进我国生态文明建设向

① [美]约翰·罗尔斯:《正义论》,何怀宏、何包钢、廖申白译,中国社会科学出版社1998年版,第3页。
② [美]约翰·罗尔斯:《作为公平的正义》,姚大志译,中国社会科学出版社2011年版,第75页。
③ 姚大志:《何谓正义:当代西方政治哲学研究》,人民出版社2007年版,第32页。
④ 刘湘溶、张斌:《环境正义的三重属性》,《天津社会科学》2008年第2期。

纵深发展的重要突破口，更是社会主义生态文明制度建设的根本价值追求。

其次，厘清环境正义的核心维度是实现环境正义的关键。无论是从描述的角度还是从规范的角度来看，环境正义都是一个具有多重维度的概念。从其广义内涵来看，它既包含人与人之间的正义，也包含人与其他物种之间的正义，是一种种际正义，这一层面的正义我们也可称其为生态正义，它强调人与人之间、人与自然之间的正义；从较为狭义的内涵来看，环境正义主要包括人与人之间的正义，分为代内正义和代际正义两个层次；但从最狭义的角度来看，环境正义的核心维度是人与人之间的代内正义，尤其是国家和地区内部的代内正义，这是当前环境正义领域的核心维度，也是最迫切的现实要求。从现实的层面来看，环境正义首先是环境弱势群体的利益诉求，是弱势群体在自身权益遭到侵害的情况下，对社会强势集团的抗议。所以，环境正义的核心是将环境问题置于社会结构中来看待，反对强势群体对弱势群体的加害或剥夺，反对强势群体对弱势群体家园的侵占，等等。所以，实现环境正义的关键就在于实现社会公平，限制强势群体的加害行为，增强弱势群体的维权能力，加强对弱势群体的政策和法律保护。

最后，保护环境弱势群体的权益是实现代内环境公平的核心要求。实现环境公平关键在于制度建设，而制度建设关键在于明确变革制度的主体与动力。"通过制度实现公正，就是以公正为目标不断改变制度、完善制度。在此过程中，最为关键的是要明确：谁拥有资格与动力，需要什么样的社会背景与客观条件，以何种有效方式。"① 我国政府应基于社会公正的立场，对企业加强教育监管，对环境弱势群体加强保护，如加强针对环境弱势群体的立法工作、设立环境基金、对环境弱势群体进行社会救助等。

总之，环境正义理论为我们进行的环境弱势群体研究提供了一个基本的研究视阈。我们应该注重维护环境正义，加强环境公平保障体系的建设，促进环境决策的民主化，积极化解环境问题带来的社会矛盾，促进社会的和谐稳定发展。

3. 科学发展观对本研究的启发意义

科学发展观是由胡锦涛同志在 2003 年全国防治"非典"工作会议上

---

① 钟芙蓉：《环境经济政策的伦理学审视》，《伦理学研究》2012 年第 3 期。

最早提出的，他指出要切实抓好促进经济社会协调发展、统筹城乡经济社会发展等九个方面的工作。党的十六大以来，尤其是十六届三中全会以来，我们集中全党智慧，不断充实和完善科学发展观，使之逐步走向理论成熟。党的十七大报告对科学发展观进行了系统深刻的论述，并提出要全面贯彻落实科学发展观的战略任务。可以说，科学发展观是我国经济社会发展的重要指导方针，是发展中国特色社会主义必须坚持和贯彻的重大战略思想。科学发展观，第一要务是发展，核心是以人为本，基本要求是全面协调可持续，根本方法是统筹兼顾。科学发展观注重全面的发展、协调的发展、可持续的发展，注重个人利益和集体利益的兼顾，注重整体利益和局部利益的协调，注重人与自然和谐关系的建立，对于环境弱势群体的研究具有重要的启发意义和方法论启示。

首先，科学发展观强调发展的全面性和可持续性，这是解决环境弱势群体问题的根本方略。从根本上看，环境弱势群体遭遇的权利受侵害、发展机会减少、财产受损失、生活质量受影响等方面的问题，实际上都是以他们生活环境的被破坏为中介的，社会强势群体并非直接针对弱势群体进行人身侵害，而是因为破坏环境而间接损害了环境弱势群体的利益。所以，改善环境弱势群体的处境需要某些赔偿、救济等快速方式，但根本方法还是应该通过政策、法律的引导和规范加强环境的保护，良好环境的恢复和保全是改善他们处境的根本方法。科学发展观反对单纯追求GDP增长的发展，倡导人与自然的和谐，倡导经济社会的可持续发展，要求在经济发展的同时加强环境保护，为良好环境的持存提供了观念指导，从而为环境弱势群体的权益保障提供了基本的外在条件。

其次，科学发展观要求统筹个人利益和集体利益的关系，统筹整体利益和局部利益的关系，为我们主张环境弱势群体的利益提供了依据。自近代以来，功利主义观念对各国的发展都产生了深远影响，它主张以社会整体利益的增加为目的，不断追求社会福利总量的增长。但功利主义往往会忽略分配领域的公平，对于个人的利益不予重视，甚至认为为了增加社会总体的福利，可以牺牲一小部分人的利益。这一主张的弊端已经逐渐显现，主要表现为对个体正当权利的践踏、对个体基本利益的侵犯、对弱势群体生存处境的忽视等。科学发展观对个人利益和局部利益的关注，提倡重视群众的利益需求，反映了对每一个公民个体的尊重，反映了对公民基本人权的尊重，也反映了对群众根本利益的尊重，对于我们处理好当前的社会矛盾具有重要意义，尤其是为我们保护环境弱势群体提供了参考。我们可以在利益分析的框架下，尽最大努力协调社会各种群体的利益关系，为社会的发展提供一个良好的条件。

最后，科学发展观以人为本的理念为环境弱势群体的研究提供了人道主义的视野。环境弱势群体目前尚未得到足够的重视，而以人为本理念的提出，为我们在这一领域开展深入的研究提供了启发。以人为本是科学发展观的核心理念，它将人的全面发展作为发展的目的，这是对以往发展观的重大突破，有利于引导各级政府从民众生活质量的角度来衡量经济发展的成果，把群众的需求和满意度作为自己工作的目标，关心群众疾苦，关注各类弱势群体的利益诉求，从而有利于改善环境弱势群体的处境，预防对他们的侵害。以人为本的理念还反映了马克思主义人道主义的观点，它尊重个体的基本权利和利益诉求，为我们对环境弱势群体的研究提供了利益协调、利益补偿等研究思路，有利于构建环境弱势群体权益保障的制度体系。

二　本书主要内容

本书的内容主要包括以下几个方面。

第一章主要对环境弱势群体的基本概念、研究意义、研究现状和本书的研究框架进行分析和说明。首先，对环境弱势群体的基本含义进行探讨，指出我们所说的环境弱势群体是在三种语境下展开的：一是"加害—受害"结构；二是"受益—受苦"圈层；三是"富裕—贫困"差异。在此基础上，讨论界定环境弱势群体的基本原则：从现实性和可能性的双重角度界定环境弱势群体，我们将环境弱势群体界定为在环境问题中处于弱势地位的社会群体，主要是指在环境资源享用、环境负担和环境风险分配等方面处于不利地位而又无力改变现状的群体。根据我国目前的实际情况，我们将环境弱势群体分为四种基本类型：环境资源匮乏群体、环境利益受损群体、环境风险承担群体和环境污染受害群体。其次，对环境弱势群体的研究意义进行分析。环境弱势群体的研究不仅是社会良性运行的必要条件，还是公平正义彰显的现实要求，同时是推进生态文明建设的重要力量，并且是以人为本执政理念的集中体现。再次，在对国内外文献梳理的基础上，对环境弱势群体的相关研究成果进行综述，并进而提出推进我国环境弱势群体研究的初步构想。最后，对本书的研究框架进行说明，主要包括研究的主要内容、研究方法、不足之处等。

第二章对环境正义理论进行追溯和梳理。首先，简要梳理罗尔斯的社会正义理论，探讨罗尔斯语境下正义的含义、正义在价值谱系中的地位以及正义的两个原则。其次，报告对环境正义理论尤其是美国、日本和我国的环境正义理论进行梳理。总结国内外研究者在环境正义的含义、环境正义的必要性、成本效益分析方法的非正义性、同心圆理论、环境正义的框架、环境正义的原则等相关问题上的基本主张。再次，在对以往理论进行梳理的基础上，对于环境正义问题进行反思，并给出本报告关于环境正义的界定：环境正义主要是指在环境利益的分配和享用、环境负担和环境风险的承担等方面的公平、平等，以及对公民基本环境权益的平等保护。然后列举社会现实环境非正义的表现，如无辜者承担污染后果、环境风险的不均衡分配、环境开发移民和生态移民未获应有补偿和应有承认等。作为对环境非正义的纠正，讨论环境正义的基本要求，包括加害者对受害者进行赔偿、受益圈对受苦圈进行补偿、环境风险在社会各阶层合理分配以及富裕群体对环境责任的更多承担等。

第三章主要在调研的基础上对我国环境弱势群体的基本现状进行分析。首先，对我国环境弱势群体的状况进行分类描述，主要包括污染行业企业一线工人、污染企业周边居民、农村癌症高发区域居民、环境开发移民和生态保护移民等群体。其次，分析我国环境弱势群体面临的维权困境，主要是采取维权行为的概率较低、依法维权行为效果不彰以及违法维权行为面临制裁等。再次，分析造成上述问题的主要原因，从政府方面来看，地方政府在环境监管方面尚存若干不足；从企业方面来看，企业的社会责任感普遍较为欠缺；从社会层面来看，司法救助和社会救助较为缺失。

第四章对 21 世纪以来我国的环境群体性事件进行分析。首先概括我国环境群体性事件的基本状况，分析环境群体性事件的所指、数量、规模与类型；然后对环境群体性事件的直接原因、深层原因进行探讨；并通过环境群体性事件进一步分析环境弱势群体的基本诉求，包括停止环境侵权、合理分配环境风险、合理进行开发补偿、赋予公民知情权和参与权等。

第五章对国际社会保护环境弱势群体的经验教训进行总结。首先概括国际社会在维护环境公正、保障环境弱势群体权益方面的几项基本原则，包括健康优先原则、污染者付费原则、风险预防原则以及赤道原则等；其次介绍国际社会在环境弱势群体权益保护方面的一些具体政策，如健康受害补偿、超级基金制度、环境责任保险制度、公众参与制度等；再次对国际相关政策的经验和弊端进行分析，认为加强对企业的监管是首要的预防措施、行政救济可以有效弥补司法救济的不足、优化决策程序是避免环境不公的必要措施、成本效益分析存在某些弊端等。

第六章提出保护环境弱势群体权益的政策建议。首先分析环境弱势群体权益保障的多元主体，提出地方政府、环保部门、民政部门、各类企业、非政府组织等社会主体应积极发挥作用、提供多种帮助；环境弱势群体自身应增强环境意识和法律意识，依法有效维权等。其次探讨环境弱势群体权益保障的基本原则，主要包括公民健康不受侵害原则、完全填补性的加害赔偿原则、直接快速的受害救济原则、培育可持续生活能力的受苦补偿原则、企业环保行为鼓励原则以及弱势群体恶意行为预防原则等。再次，提出环境弱势群体权益保护的政策建议，包括完善相关法律规定、加强基层环境监管、加强对乡镇企业的管理、加快推进环境责任保险制度、建立环境基金以及加强对相关人员的生态环境教育等。

在结语部分，本书尝试性地探讨环境正义、环境弱势群体和生态文明建设的关系，指出转变环境本位思想，树立以人为本观念是推进我国生态文明建设的关键因素。首先分析我国科学发展观中以人为本的发展理念，指出贯彻落实科学发展观的三项基本要求，即坚持以人为本的核心理念、坚持全面协调可持续的发展、坚持统筹兼顾的根本方法。其次对生态文明的概念进行再分析，从唯物史观和哲学方法论的角度对生态文明的本质规定、历史地位进行反思，并结合生态哲学的基本理念和我国的实践要求，分析我国生态文明建设的哲学立场以及建设主体和建设目标等。再次对我国生态文明建设的宏观方向和具体路径进行探讨，指出生态文明建设过程中必须充分发挥政府的积极作用、节制资本逻辑、确立并保障公民环境权以及完善基层环境民主等。

三 主要研究方法

本书的研究内容较为复杂，既要求对我国环境弱势群体的现状进行实地调研，又要求对国内外环境正义理论，具体的环境政策、环境法规等进行研究。为了完成上述要求，笔者在研究过程中运用了文献研究方法、问卷调查方法、实地调研方法和深度访谈方法等若干方法。

在具体的研究过程中，笔者搜集了大量的环境社会学、环境伦理学、环境政治学、环境经济学、环境法学、环境政策等方面的书籍和论文，对这些资料中涉及环境弱势群体的内容进行横断式的综合阅读，梳理出这些研究在环境弱势群体权益保障方面的基本主张，为本书提供某些思路。在文献研究的基础上，笔者产生了若干的疑问和假设；针对这些疑问和假设，笔者进行了一定的深度访谈和实地调研，并在初步调研的基础上，进一步设计了调查问卷，以期获得更加完整的信息。

考虑到文献研究方法的一般性和普适性，在此不再赘述。下文主要对本书采用的实际调研方法进行简要说明。

1. 实地调研

笔者在 2012 年 5—7 月、2013 年 9—11 月进行了两次较为集中的实地调研，第一次主要针对乡镇工矿企业的一线工人，第二次主要调查了部分农村地区的癌症患者患病情况。乡镇工矿企业的调研主要在山东省的德州、淄博和潍坊等地展开；癌症患者患病情况则主要基于相关媒体对"癌症村"的报道，选取了部分"癌症村"和流域性癌症高发区域进行调研，调研地点主要包括山东、河南等地。

2. 深度访谈

在环境弱势群体的研究过程中，笔者针对研究内容进行了多地点、多人次的深度访谈，访谈人员包括乡镇企业管理人员、乡镇企业一线工人、国有企业管理人员、国有企业技术人员、私营企业技术人员、私营企业主、区县政府工作人员、财税部门工作人员、贫困地区农村居民、沿河流域居民、污染企业周边居民、城市居民、环保部门工作人员、安监部门工作人员、在校大学生、相关学者等社会群体，通过深度访谈，获得访谈材料 37 份，初步了解了企业一线工人、污染企业周边居民、河流沿岸居民、大型垃圾焚烧站点周边居民的生活状况和环境诉求，获得了较为丰富的一手资料。

3. 问卷调查

问卷调查方法是本书运用的主要方法之一，也是耗费了大量时间和精力的一种方法，在此对于本书采用的问卷调查加以说明。问卷调查是在对研究对象有了一定的认识之后，产生了一些疑点或假设性思考，从而进一步通过实证数据进行释疑或验证的一种方法，该方法因其可以快速、高效地提供大量所需信息而被普遍采用。本书主要进行了两次较大规模的问卷调查，第一次是针对山东地区的探索性调查，在此基础上，对部分问题进行了剔除、补充和完善，进行了第二次针对全国的调查。在这两次大规模的问卷调查之前，笔者还进行了若干次小范围的试测，对调查问卷进行了多次修改。

第一次问卷调查

第一次问卷调查的时间基本在 2013 年 12 月—2014 年 1 月，主要调查范围是山东地区。

首先，第一次调查试图对我国环境弱势群体的基本构成类型进行探索性分析。已有研究大多将环境弱势群体界定为农民，但为什么如此，似乎缺乏有效的实证依据和前提说明；另外，如果我们将全部农民都界定为环境弱势群体，在现实中也有将环境弱势群体简单化的嫌疑。相对城市居民而言，农民更容易成为环境弱势群体，但从社会结构的角度来分析农村地区的现实状况，农民也是处于不同的环境地位中的，有的农民可能是环境污染的加害者，而有些则成为受害者，所以，将全部农民都视为环境弱势群体是有些笼统的，还需要进行更加深入的分析。另外，不论是农民还是城市居民，在污染企业面前都是环境弱势群体，所以，如果单纯将环境弱势群体界定为农民，又缩小了环境弱势群体的外延，造成研究的疏漏。所以，本书在以往研究的基础上，对环境弱势群体的基本构成进行探索性的问卷调查，试图提供将某些群体划入环境弱势群体的实证依据，提供一些不同社会群体在环境资源享用、环境污染受害以及环境风险承担等方面的比较数据，以增加研究的实证基础。

其次，第一次调查试图以多种主观评价指标为依据来说明环境弱势群体所处的境遇。在关于环境弱势群体的实证研究方面，有一篇值得注意的论文是社会学者卢淑华所作的《城市生态环境问题的社会学研究》，她在1994 年对本溪市的环境污染和居民区位分布进行了社会学调查，"在经验数据的基础上，提出并证实了居住区位的分布与个体拥有的权力之间的相关性，从而反映了组织或个人权力资源与环境价值的交换"[1]，表明了工人

---

[1]　卢淑华：《城市生态环境问题的社会学研究》，《社会学研究》1994 年第 6 期。

与干部相比在优质环境资源分配方面的弱势地位。虽然文章通篇并未使用"环境弱势群体"一词，但该论文的研究旨趣却与本书研究十分接近，这篇文章表明，环境弱势群体显然并不只是农民，城市中的工人相对于干部而言也是环境弱势群体。另外，该研究还开创了运用多维主观评价指标来衡量环境状况的先河，并且通过经验数据表明：运用主观评价指标所评价的地区环境状况与环保专业人员的评价状况相同。在这一研究成果的启发下，笔者设计了调查问卷，主要以多种主观评价指标为依据，对山东省的环境状况进行问卷调查，并试图提供不同群体在基本环境资源分配、环境污染受害以及环境风险承担等方面的差异程度。

　　最后，第一次调查试图探寻研究过程中产生的诸多疑问。基于对以往研究的梳理，笔者产生了这样几个疑问，想通过本次初步的探索性问卷调查解决：第一，农民是我国最大的环境弱势群体，那么城市有没有环境弱势群体？城市和农村可否有一个同质性的对比资料？第二，环境弱势群体的地区分布有什么特点？是集中在偏远农村，还是更多地处于城乡结合部，尤其是县城或县级市的周边？第三，环境弱势群体与收入有没有直接关联？污染企业周边更多的是低收入群体还是高低收入群体混杂？第四，农村地区癌症患者患病情况与点源污染关系密切还是和流域污染关系更密切？点源污染和流域污染的共同点是什么？水污染是不是共同的致病因素？第五，通过实地调研，发现县城周边的小型企业存在较多污染行为，而周边的居民是环境污染的直接受害者，在这种情况下，这些企业与居民的关系是怎样的？有哪些关系类型？如何在现实中促进二者建立较为和谐的关系？第六，污染企业的一线工人比周边居民更早、更多地接触污染物，他们是更直接的受害者，与居民相比，他们是带有自愿成分的，因为他们需要工资收入，但是否因为他们拿了工资，企业就没有责任了呢？企业在保护工人免受环境伤害方面是否应该承担更多的责任呢？第七，从贫富差异的角度来看，农村地区的部分养殖户往往是拥有较多资金和较强投资能力的富裕人家，而其周边邻居则往往缺乏相应的财力进行大规模的养殖，但养殖户在养殖过程中产生的恶臭、噪声、动物粪便、蚊蝇滋生等问题，对周边邻居产生了一定影响。有没有既能让养殖户专心养殖，又不对周边居民产生较强影响的可能性？针对这些疑问，笔者进行了调查问卷的发放对象及问卷问题的讨论和研究。

　　第一步是确定问卷的发放范围。问卷的发放范围首先涉及对环境弱势群体的界定问题，本研究并不赞成直接将环境弱势群体界定为农民，所以拟从更广泛的范围来确定环境弱势群体的比较弱势地位。因此，本研究先从最广义的内涵来界定环境弱势群体，相对于企业和政府，民众一般都处于环境弱势的地位，所以将问卷的发放范围确定为一般民众。但如果分别到山东各地去发放问卷，人力、物力和财力都有诸多限制，考虑到环境诸因素的公共性，我们采取了折中的方法，即从在校大学生中抽取适量样本进行问卷发放。

第二步是调查问题的设计。在确定了问卷发放的群体范围之后，笔者根据调查目的，结合大学生的认知能力和理解能力，考虑到环境问题的公共性，将可以由第三方回答而相对保持真实的问题加以筛选，确定了问题设计的大致范围；同时尽量考虑到各方面的因素，尽量让问卷反映更多的信息，力图通过问卷了解当地环境问题的基本状况，获得关于山东省环境弱势群体的大致样貌（详见附录一）。

第三步是样本数量的确定和抽样方法的选择。因为第一次问卷调查主要是一种探索性的研究，所以首先运用的是等额抽样的方法，在此基础上，采用随机抽样的方法来确定样本。具体来说，先是确定各个地区的样本数量。根据一般问卷调查对样本数量的基本要求，决定在山东省 17 个地市的 140 个县区各抽取 3 个样本，即等额抽样。等额抽样数量确定之后，再在各县市进行随机抽样，选出 3 个样本进行问卷发放，在山东省总计发放问卷 420 份，收回有效问卷 372 份（对问卷各问题具体的回答情况详见附录二）。

第二次问卷调查

第二次问卷调查的时间基本在 2014 年 3 月，主要调查范围是国内各省区。

首先，第二次问卷调查对部分问题进行了完善。一是剔除了与环境弱势群体相关度不高的某些问题。在第一次问卷中，笔者试图同时了解山东省的整体环境要素状况，所以设计了几项反映环境要素状况如饮用水、地表水、空气质量等问题，但这些问题与环境弱势群体的关联度相对较小，所以，在第二次问卷调查时对它们进行了剔除，如在第一次问卷中出现的关于垃圾处理设施的问题、关于所在村庄（社区）地表水状况的问题等。二是弥补了第一次问卷调查中的某些缺憾，增加了一些具有区分度的问题。在对第一次问卷调查进行统计分析的过程中，笔者意识到该问卷设计的一个缺陷，即没有设计相关问题将国有企业和私营企业在环境风险和环境保护方面的差异进行比较，无法体现不同性质的企业工人在环境风险规避方面的差异，在第二次问卷调查中增加了相关选项，试图在不同性质企业工人之间进行比较。三是调整了问卷问题的整体模块。通过第一次问卷调查，笔者发现农村地区养殖户与周边居民的关系并不处于显著矛盾的状态，尚不构成对农村社会秩序的强大冲击，所以将这一部分的问题整体剔除，增加了对农村癌症区域以及环境开发移民和生态保护移民进行调查的模块。但从回收的问卷来看，第二版问卷中对于被调查家庭收入水平层次的设计存在瑕疵，造成了选择的过于集中，影响了该问题的效度和解释力。

其次，第二次问卷调查扩展了样本的选择范围。第二次调查将样本范围扩展到全国，在3个人口大省广东、山东、河南各发放问卷30份，其他省区各20份，西藏地区3份，在问卷回收后，剔除无效问卷又进行了第二轮发放，有的地区进行了三轮问卷的发放，最后收回有效问卷610份，范围涵盖我国30个省、自治区和直辖市（各省区、直辖市的问卷数量详见附录四）。

对于两次调查所得问卷，根据所属地区进行统一编号，将每份问卷的各题选项逐一录入 Excel 工作表，然后再进行各项统计比较。问卷录入、统计完成之后，将问题进行了避光保存，以备查验。

四 研究的不足之处

本研究是一项既需要进行大量田野调查又需要一定理论功底的研究，对于研究者的基本素质有较高的要求，由于笔者研究学养和研究能力等方面的局限，在研究过程中时感吃力。具体而言，笔者在研究过程中存在如下几个方面的不足之处。

1. 研究资料的局限

本书研究的理想状态是在对国内外相关文献进行解读的基础上，充分借鉴国际社会在环境弱势群体权益保障方面的先进经验，然后根据我国的国情进行相应的政策思考和制度设计。所以，对国外相关文献尤其是国外环境经济学、环境法学、环境伦理学等学科的消化吸收是研究的重要条件。但由于在国内所能获得的相关外文资料较少，并且外文资料的阅读需要大量的时间，致使本研究所使用的外文资料数量受到一定限制。

2. 研究范围的局限

根据我们的理解，环境弱势群体主要包括环境资源匮乏群体、环境利益受损群体、环境污染受害群体和环境风险承担群体。但由于研究能力和研究时间的限制，在研究中我们主要将研究范围锁定在了环境污染受害群体方面，重点研究了污染企业一线工人、污染企业周边居民以及生态恶化地区农民的基本情况，而没有对其他类型的环境弱势群体进行深入研究。

3. 研究方法的局限

本书除采用文献研究方法之外，还运用了深度访谈、问卷调查等方法。在进行深度访谈的过程中，由于经验的缺乏，最初没有做好相关的录音或笔录工作，待访谈结束后，根据回忆进行整理，可能造成有些资料的损失；在运用问卷进行调研的过程中，虽然对问卷进行了五次较大规模的修改和完善，但在问题的设计上，仍然存在针对性不足等缺陷；另外，在对回收的问卷进行分析的过程中，主要运用了 Excel 工作表中数据统计功能和图表绘制功能，而未能运用更为高级、复杂的其他数据分析软件，所以，书中图表也是较为简单的，图表的解释力还需要进一步加强。

以上这些不足之处有些是时间限制、有些是经费限制，但主要原因还在于笔者研究能力和研究视野的局限，这些不足之处是需要在今后的研究中加以改进的。在后续的相关研究中，笔者计划对环境利益受损群体和环境风险承担群体等进行进一步的研究，如我国城镇化过程中在拆迁安置方面出现的某些问题、大型垃圾处理设施周边以及有毒废弃物周边民众的权益保障等。

第二章　环境正义理论综述

在第一章中我们对环境弱势群体的概念及基本类型进行了分析，并探讨了对环境弱势群体展开研究的重要意义。而本书对环境弱势群体的研究基本是在环境正义的视阈下进行的，可以说，环境正义理论既是我们研究环境弱势群体的基本视阈，也是我们研究环境弱势群体的方法论原则。环境正义理论的核心诉求是维护环境弱势群体的基本权益，而维护环境弱势群体基本权益必须以环境正义的价值为旨归。所以，环境正义理论与环境弱势群体具有紧密的联系，是本书的主要理论依据。

第一节　环境正义理论溯源

环境正义理论的现实催生因素是各国不断增多的环境运动，这些运动基本是针对企业的污染行为或政府的不合理决策展开的，参加的主体是土著居民、渔民、农民、妇女等社会弱势群体，环境运动的发展对环境正义理论提出了现实的要求。环境正义理论的思想渊源包括社会正义理论、社会生态学思想、生态女性主义思想和生态社会主义思想等。罗尔斯的正义论立足于社会契约论，旗帜鲜明地提出了正义是所有社会制度的首要价值，为深入思考环境正义提供了重要的前提，他用于达成正义的途径为维护环境正义提供了基本的分析框架。社会生态学、生态女性主义和生态社会主义思想都是在反对大地伦理学和深层生态学的基础上出场的，它们实现了环境问题讨论范式的转变，使环境问题从"人与自然"的讨论场域深入"人与人"的讨论场域，对简单地将人类视为无差别的类整体的思维方式进行了批判，深入分析了不同国家、不同社会群体在环境问题中所处的地位，揭示了在环境问题方面不平等、不公正的社会结构，有利于促进研究者思维方式的转变，推进了环境问题的研究，为环境正义理论的兴起奠定了学理基础。

一 环境运动的诉求

环境运动，也称环境正义（Environmental Justice）运动、反公害运动等，是当今国际政治生活中一个引人注目的现象，从世界范围来看，各主要资本主义国家、发展中国家以及部分第三世界国家都曾爆发过影响深远的环境运动。在风起云涌的环境运动中，既有声势浩大的示威活动，也有人员伤亡的激烈冲突。自20世纪六七十年代以来，环境运动对各国的社会制度和政治格局都产生了重大影响。

近几十年来，美国民众在环境运动方面的组织化程度较高，产生了一些较为著名的、影响深远的环境运动，如20世纪七八十年代的"拉夫运河事件"（Love Canal Crisis）和"沃伦抗议"（Warren County Protest）。拉夫运河事件是由于有毒废弃物危害当地居民健康和生活而引发的，参与者主要是居住在拉夫社区的蓝领工人等；沃伦抗议则是以黑人和少数族裔为主体的抗议运动，运动主旨是反对在本地区设置危险废弃物填埋场。另外，1991年在美国召开了著名的有色人种环境领导大会，参会代表来自美国、加拿大、中美、南美、波多黎各、马绍尔群岛等地，会议达成了著名的17条"环境正义原则"。这次会议表明，环境问题已经与社会问题和政治问题交织在一起了。对环境正义的强烈诉求，使得美国的环境运动目标明确，效果显著，对国内、国际环境政策和环境正义研究均产生了重要影响。

而比美国环境运动出现得更早的是日本的"反公害"运动。早在日本明治时期，就发生了数万农民参与反对铜矿企业的"足尾铜矿山事件"和"赤泽铜矿山事件"，随后又发生了以城市居民为主体的抗议污染企业运动，如"浅野水泥工厂事件"和"铃木造药厂事件"等。[①] 此后，日本的环境运动又从反公害运动发展到以预防为目的的"反开发"运动，如

---

① ［日］饭岛伸子：《环境社会学》，包智明译，社会科学文献出版社1999年版，第100—103页。

1964 年在静冈县发生的三岛市、沼津市、清水町居民阻止石化工厂开发计划的事件，青森县村民拒绝石化工厂建设的运动，爱媛县居民反对新港湾设施建设的运动以及主要由女性参加的反对在冲绳县建设新机场的运动等。① 日本的环境运动促使政府反思发展规划和环境决策，催生了以健康受害补偿和限制企业污染行为为目标的诸多法律，也促进了学者们对环境正义问题的思考。

除美国、日本之外，在欧洲国家如德国、英国、法国、荷兰、希腊等国也发生过较有影响的环境运动。联邦德国在 20 世纪 60—80 年代产生了上千个公民抗议组织，主要从事反核抗议和自然保护运动；联邦德国自1980 年以来建立了约 5 万个公民行动组织，这些公民行动组织与传统组织协作，深入大规模的抗议和反对核废料再处理工厂的行动。② 同时，法国自第二次世界大战以来进入了基础设施建设的高峰期，"大型基础设施建设项目直接涉及征用土地、环境保护、人身安全等诸多内容，由此引发了广大公众与业主的各种矛盾，阻挠施工、示威游行、暴力抗争等现象大量涌现，不同利益集团之间争论不休"③。此外，发生在希腊的抗议在迦摩罗河边建立污水处理厂的"迦摩罗抗议运动"，由于其快捷而高效的动员和组织方式而成为草根阶层挑战国家部门和国际组织的运动典范。

广大发展中国家也爆发了若干层次的环境运动，印度就先后爆发了抱树运动和反坝运动等。闻名世界的"抱树（Chipko）运动"发生于 20 世纪 70 年代，这一运动以印度北部山区的妇女为主体，抗议政府对当地森林的商业性采伐。另一个发生在印度的环境运动的案例是纳马达（Narmada）流域反坝活动。纳马达流域项目的目的是对纳马达河进行充分利用，计划由 2 个大坝和 28 个小坝以及 3000 个其他水利项目组成，该项目最初得到了世界银行 4.5 亿美元的贷款支持，但由于项目会造成当地居民大规模的迁徙，所以在工程开工之初，就遭到当地草根阶层的抗议。抗议者建立了强大的反坝联盟，包括当地农民团体、妇女团体、青年团体和环境团

① ［日］饭岛伸子：《环境社会学》，包智明译，社会科学文献出版社 1999 年版，第 107 页。
② ［英］马克·史密斯、皮亚·庞萨帕：《环境与公民权：整合正义、责任与公民参与》，侯艳芳、杨晓燕译，山东大学出版社 2012 年版，第 102—103 页。
③ 彭峰：《法典化的迷思——法国环境法之考察》，上海社会科学院出版社 2010 年版，第 169 页。

体等，反坝运动最终获得了胜利。①

综观这些环境运动，其参与的主体基本都是各国的弱势群体，如有色人种、少数族裔、农民、城市贫民、女性等，他们是环境污染的首要受害者，是环境风险的主要承担者，是环境退化的最大受损失者，也是环境开发中的"受苦圈"。他们在环境运动中的共同诉求是抗议政府不合理的环境决策、反对工矿企业对自己生活环境的侵害以及反对不合理的开发项目等，这些都构成了环境正义的基本议题。

二　社会正义理论

20世纪70年代以来，以约翰·罗尔斯（John Rawls）《正义论》的发表为标志，开启了新一轮对正义问题的探讨，几十年来，围绕正义问题发表的论著汗牛充栋、不计其数，但这些作品几乎都以罗尔斯《正义论》为参照，或赞成他的基本观点，或质疑他的前提或结论，所以，罗尔斯关于正义的思想观点成为研究正义理论的阿基米德点。关于正义问题的讨论主要是在三个层面展开，按照从宏观到微观的顺序，分别是国际范围的正义、国家内部的正义和共同体内部的正义。罗尔斯的正义理论是针对国家这一层面展开的，我们关于环境弱势群体的研究也主要是从国家正义的层面来进行的，所以，下文中关于正义理论的梳理主要聚焦罗尔斯的正义理论，兼及其他受到罗尔斯激发的正义理论。

1. 正义的所指

遵循一般的逻辑分析进路来讨论社会正义问题，首先要面对的一个重要问题就是正义（justice）的所指问题，也即正义的含义。我们在何种意义上来看待正义，是梳理社会正义理论的首要问题。但正义的所指又是一个极难界定的问题，现代汉语词典对"正义"词条给出的解释是：（1）公正的、有利于人民的道理；（2）公正的、有利于人民的；（3）（语言文字上）正当的或正确的意义。② 此处突出的是有利于"人民"，而"人民"具有明显的政治含义。在西方社会的语境下，20世纪70年代以来关于正

---

① ［英］克里斯托弗·卢茨：《西方环境运动：地方、国家和全球向度》，徐凯译，山东大学出版社2012年版，第195—196页。
② 中国社会科学院语言研究所词典编辑室：《现代汉语词典》，商务印书馆1978年版，第1607页。

义的讨论则主要聚焦于作为公平的正义、作为权利的正义、作为自由的正义等几个方面。

从公平角度理解正义的主要代表人物是罗尔斯。罗尔斯从政治正义的角度来理解作为公平的正义，并认为它的首要主题是社会的基本结构。他首先指出："作为公平的正义是一种政治的正义观念，而非一般的正义观念。"① 而这种把正义作为一种政治的正义观念的作用"并不是要精确表明这些问题是如何加以解决的，而是要建立起一种思想的框架，在这种思想的框架内，这些问题才能够被思考"②。从以上论述可以看出，罗尔斯将公平作为正义的主要维度，并且主要是从政治哲学的角度来思考正义问题。而罗尔斯将政治哲学的作用概括为四个方面：一是实践作用，二是定向作用，三是调和作用，四是现实主义的乌托邦作用。③ 政治哲学的这些作用主要在于寻求共识、减少分歧、维持社会合作，并提供一种对现实社会的反思，探索实践上的政治可能性等。也可以说，政治哲学是对社会问题进行的哲学思考，旨在提供一种高于现实、对现实起定向指引作用的思路。

在政治哲学的视阈下，罗尔斯认为作为公平的正义的首要主题是社会的基本结构问题。此处的基本结构主要是指"社会的主要政治制度和社会制度融合成为一种社会合作体系的方式，以及它们分派基本权利和义务，调节划分利益的方式"④，即社会体系如何分配权利义务以及由合作产生的利益。罗尔斯认为，一种正义的基本结构可以为社会提供一种背景正义，它们对公民所能利用的机会和能力的影响是基础性的。

2. 正义在价值谱系中的地位

人类社会的价值追求是多元的，在社会的价值谱系中，居于中心地位的主要有自由、平等、效率、公正、幸福等。而在这些价值谱系中，罗尔斯认为正义是社会的首要价值。他旗帜鲜明地指出："正义是社会制度的首要价值，正像真理是思想体系的首要价值一样。……作为人类活动的首

---

① ［美］约翰·罗尔斯：《作为公平的正义》，姚大志译，中国社会科学出版社2011年版，第19页。
② 同上书，第20页。
③ 同上书，第7—11页。
④ 同上书，第17页。

要价值，真理和正义是决不妥协的。"① 罗尔斯反对功利主义为了增加社会总体利益而牺牲一小部分人利益的观点，认为"每个人都拥有一种基于正义的不可侵犯性，这种不可侵犯性即使以社会整体利益之名也不能逾越"②。他认为减少一些人的所有以便其他人可以发展，这可能是策略的，但不是正义的。所以，罗尔斯反对为了一些人分享更大利益而剥夺另一些人的自由，反对为了让多数人享受较大利益而牺牲少数人。他认为所有不正义的法律和制度，无论它们多么有效率和有条理，都必须加以改造或废除。

罗尔斯对正义价值地位的论述是建立在对功利主义批评的基础之上的。功利主义理论兴起于 18 世纪末 19 世纪初，主要创始人是英国哲学家密尔（John Stuart Mill）和边沁（Jeremy Bentham）等人。功利主义将能否增进人类幸福作为行为正当与否的判断依据，认为追求最大多数人的最大幸福是社会或政府的基本职能。加拿大学者威尔·金里卡（Will Kymlicka）概括了功利主义最简单的表述形式："能够为社会成员创造最大幸福的行为或政策就是道德上正当的。"③ 功利主义作为一种哲学理论在道德哲学、政治哲学、法哲学等领域均占据着主导地位，是当代社会政策制定的不言而喻的背景之一。功利主义反对封建习俗和神学权威，把能否增进人类福利作为衡量社会进步与否的标准，具有重大的历史进步性。但功利主义的问题在于，它关注社会效用总量的增加，而不关注哪些社会个体拥有这些效用。这就可能导致一种错误的决策方式，即为了增进社会绝大多数人的福利，可以牺牲一小部分人的利益。

罗尔斯正是基于这一点来展开自己的论述的，他对洛克、卢梭、康德等人的古典契约论进行了适当改造，基于抽象契约论立场，提出了"作为公平的正义"的理论。罗尔斯用来反对功利主义的利器是"原初状态"（original position）和"无知之幕"（veil of ignorance），他通过设想人们在原初状态和无知之幕之下的选择倾向，来论证正义原则在社会价值谱系中的优先性。罗尔斯指出，原初状态的一些基本特征是："没有一个人知道他在社会中的地位——无论是阶级出身还是社会出身，也没有人知道他在

---

① ［美］约翰·罗尔斯：《正义论》，何怀宏、何包钢、廖申白译，中国社会科学出版社 1998 年版，第 3—4 页。

② 同上书，第 3 页。

③ ［加拿大］威尔·金里卡：《当代政治哲学》，刘莘译，上海译文出版社 2011 年版，第 10 页。

先天的资质、能力、智力、体力等方面的运气。"① 在这一无知之幕下，正义的原则将是那些关心自己利益的有理性的人们都会同意的原则。罗尔斯对平等的原初契约状态进行假设的意义在于，他通过这样一种情境下人们选择次序的证明，论证了正义原则是平等的理性人的首选，从而反驳了功利主义所赞成的"为了使某些人享受较大利益而损害另一些人生活前景"的立场，证明了正义原则是社会制度的首要价值这一论点。

3. 正义的两个原则

在论证了正义的所指和正义的价值地位之后，罗尔斯论述了正义的标准和确保正义实现的两个原则。罗尔斯反对功利主义只关心社会利益的总量而不关心利益如何分配的取向，认为对权利和义务的分配问题是一个至关重要的问题。"一个社会体系的正义，本质上依赖于如何分配基本的权利义务，依赖于在社会的不同阶层中存在着的经济机会和社会条件。"② 他给出了衡量社会制度正义与否的标准："在某些制度中，当对基本权利和义务的分配没有在个人之间作出任何任意的区分时，当规范使各种社会生活利益的冲突之间有一恰当的平衡时，这些制度就是正义的。"③ 罗尔斯关心的正义是中观层次的，他主要关心社会的基本制度是否正义的问题。

而对于如何实现正义，罗尔斯着力论述了达致正义的两个原则。这两个原则于 20 世纪 70 年代被提出来之后，在与其他学者的互动中不断进行修改和完善，在 2000 年出版的《作为公平的正义》中，罗尔斯将这两个原则表述为："（1）每一个人对于一种平等的基本自由之完全适当体制都拥有相同的不可剥夺的权利，而这种体制与适于所有人的同样自由体制是相容的；以及（2）社会和经济的不平等应该满足两个条件：第一，它们所从属的公职和职位应该在公平的机会平等条件下对所有人开放；第二，它们应该有利于社会之最不利成员的最大利益。"④ 这两个原则也被表述为公平的机会平等原则和差别原则，而第一个原则是优先于第二个原则的。罗尔斯此处的公平的机会平等是一种自由主义的平等，为了确保这一目标

---

① ［美］约翰·罗尔斯：《正义论》，何怀宏、何包钢、廖申白译，中国社会科学出版社 1998 年版，第 12 页。
② 同上书，第 7 页。
③ 同上书，第 5 页。
④ ［美］约翰·罗尔斯：《作为公平的正义》，姚大志译，中国社会科学出版社 2011 年版，第 56 页。

的实现，需要将某些要求强加给社会的基本结构和宪法等。第二个原则是差别原则，用来调节社会和经济的不平等。罗尔斯认为，只有当一种不平等有利于社会的最不利者时才是可以接受的。罗尔斯将最不利者界定为"拥有最低期望的社会阶层"，认为收入和财富的不平等应该有利于最不利者的最大利益。

三 社会生态学思想

社会生态学将生态环境问题理解为社会问题，并将自然生态学的难题理解为"社会生态学"的难题，认为解决生态环境问题的方法蕴含在解决社会问题的过程中。它的主要代表人物是美国学者默里·布克金（Murray Bookchin）和丹尼尔·A. 科尔曼（Daniel A. Coleman）等。默里·布克金是社会生态学思想首创者，他受到了马克思主义思想的深刻影响，致力于探寻环境问题的社会原因，认为人对人的支配结构决定了人类对自然的支配，环境问题的真正原因在于人类社会的不平等结构。布克金的学生科尔曼在社会生态学的基础上，沿着社会分析的路径，追根溯源地分析了现代企业和政府在环境问题上的责任，阐述了生态政治学的基本框架，为环境正义思想的发展提供了某些借鉴。

社会生态学思想是在对大地伦理学和深层生态学进行批判的过程中形成和发展起来的。西方早期生态思想基本是在人与自然的关系场域中来讨论生态问题的，他们将人类作为一个无差别的类整体来进行反思，拒斥人类中心主义立场，主张重构人类的价值观念，尊重自然系统本身的内在价值，并在此基础上发展起了各种非人类中心主义思想，其中影响广泛的当数大地伦理学思想和深层生态学思想。

大地伦理学的创立者——奥尔多·利奥波德（Aldo Leopold）从整体主义立场出发，强调地球是一个有生命力的活生生的存在物，人类和其他物种构成了生命共同体，将生命共同体的完整、稳定和美丽视为最高的原则，主张把本来用于人与人之间的伦理关怀扩展到整个生态系统。大地伦理学恢复了大地生态系统的有机性和复杂性，从生态整体论的角度看待人与自然的关系，改变了传统的将人视为自然主宰的观点，将人从大地共同体的征服者变为大地共同体的普通成员，对其后的生态思潮产生了深远影响。

　　生态学的"深""浅"之别，是阿恩·奈斯（Arne Naess）于1973年首先提出来的。奈斯在《浅层生态运动与深层、长远生态运动概要》一文中，首次提出"深层生态学"的概念。在对生态问题的深层追问中，奈斯初步构建了"一种极其扩展的生态思想"。他认为当前的大多数环保运动都处于"浅生态"层面，它们背后的哲学立场是人类中心主义的，仅仅是为了人类的利益才去保护自然和环境。而深层生态学坚持生态中心主义立场，倡导从根本上改变文化及个人的意识形态结构，确立新的价值观念、消费模式、生活方式与社会制度，以保证人与自然的和谐相处。

　　大地伦理学和深层生态学思想将批判的矛头直指人类中心主义，把人类作为全球生态系统的一部分，其意义在于引导人们发现和体察自然生态系统的整体性，重要性自不待言。然而这种将人类作为类整体的思维方式也具有明显的缺陷。"生态中心主义原则的一个问题是，它企图让所有的人对生态破坏负相同的责任。"[1] 大地伦理学和深层生态学思想将人类视为"无差别的主体"，认为是"人类"集体"犯了错误"，从而造成了对环境问题真正责任者的遮蔽，使得它们在解决人类具体的环境问题时几乎束手无策。正如布莱德福德（Bradford）所指出的："贫穷、不平等、市中心贫民窟以及种族歧视等问题，却从未以一种可持续的方式得到处理。因此，对这些问题的处理不当，使得'深'生态学事实上就很肤浅。"[2]

　　作为对上述问题的回应，布克金反对不加区分地将人类概括为"我们"的简单做法，主张对人类社会的不平等结构进行深入分析。他认为生态问题与社会的组织形式密切相关。他指出："我们目前面临的环境失衡深深植根于一个非理性的、反生态的社会，而它面临的基本难题是不可能通过渐进的和单一议题性的改革来解决的。……这些难题源于一个等级制的、阶级的和如今激烈竞争的资本主义制度，而这一制度促成了一种将自然世界仅仅视为人类生产与消费'资源'聚集地的观点。这种社会制度尤其是贪得无厌的。它已经将人对人的支配扩展成一种人类'注定要支配自

---

[1] ［美］戴斯·贾丁斯：《环境伦理学》，林官明、杨爱民译，北京大学出版社2002年版，第279页。

[2] ［英］戴维·佩珀：《现代环境主义导论》，宋玉波、朱丹琼译，上海人民出版社2011年版，第26页。

然'的意识形态。"① 布克金认为，在现代国家的政治结构中，"支配—被支配"关系最为强硬。现实社会结构中人与人之间的不平等，导致在生态问题上人类社会全部成员对自然的支配，并且导致了在生态问题上的权利与责任的不匹配——有些人可以享有更多权利而不必承担相应的责任。

作为布克金学生兼同道的科尔曼对生态危机的成因进行了"正本清源"式的追问。他在大量实证调查的基础上指出，造成生态危机的根源不是普通民众，而是企业在追逐利润的基础上，以利益为诱饵左右政府的决策，企业和政府的合力使得当前的生态危机愈演愈烈。他分析了"人人有错论"的问题所在，指出消费者并不就生产事宜做出选择，做决定的是一味要降低生产成本的制造商，"在污染或者有毒化学品的产生问题上，问题的源头是那种只顾降低成本、不计环境后果的环境决策。……政府在许多事关重大的环境问题上难辞其咎"②。他认为："首先需要认清存在于现有经济和政治制度之中的社会关系，因为环境危机的根源最终可以追究到这些社会关系。"③

社会生态学将人类社会进行结构分解，思考不同的个体在生态问题上的责任和权利，认为应从变革社会的不平等结构入手来解决人与自然的不平等关系。因而，西方生态思潮出现了重大转折——从最初关注人与自然的关系深入到考察人与人、国与国的关系，为环境正义理论的出场提供了思想养料。

四　生态女性主义思想

生态女性主义思潮在 20 世纪 70 年代出现，主要代表人物有法国的弗朗西丝·德·奥波妮（Francoise d'Eaubonne）、美国的卡罗琳·麦茜特（Carolyn Merchant）、印度的范达娜·席瓦（Vandana Shiva）、英国的玛丽·迈勒（Mary Mellor）、美国的查伦·斯普瑞特耐克（Charlene Spretnak）、美国的苏姗·格里芬（Susan Griffin）等。关于生态女性主义与环境

---

① ［美］默里·布克金：《自由生态学：等级制的出现与消解》，郇庆治译，山东大学出版社 2008 年版，第 12 页。

② ［美］丹尼尔·A. 科尔曼：《生态政治：建设一个绿色社会》，梅俊杰译，上海世纪出版集团 2006 年版，第 35 页。

③ 同上书，第 39 页。

正义思想的关系，有的学者认为二者之间存在着重要的联系与区别，有的学者则直接以生态女性主义的环境正义思想为题进行研究。① 本书认为，生态女性主义思潮是在人类社会两性之间的不平等及人与自然之间的不平等之间建立了某种联系，呼吁改变社会现实中的男性中心主义，加强对弱势群体的关怀，从而实现人与自然的平等，加强对自然的关怀。从学理意义上来看，它为环境正义思想的出场提供了活动场域，构成了后来环境正义思想的某些维度。

1974 年，奥波妮在《女性主义·毁灭》一文中提出了"生态女性主义"这一术语，标志着西方生态女性主义理论研究的开端。她认为，对妇女的压迫与对自然的压迫有着直接的联系，强调女性在解决全球生态危机中的潜力，号召妇女起来领导一场拯救地球的生态革命，并在人与自然、男性与女性之间建立一种新型的关系。1980 年，麦茜特在其《自然之死：女人、生态学与科学革命》一书中描述了机械论自然观取代有机论自然观的历史过程，指出有机理论的核心是把自然，尤其是地球与母亲的形象等同起来，这样对人类的行为本身就具有一种文化上的强制力。而到了 17 世纪，商业经济、科学技术的发展催生出一种机械论自然观，这种观点把自然看成死的、可被人类任意改造的客体，并且认可了对自然及其资源的掠夺、开发和操纵。生态女性主义认为，女性更有责任、更有愿望结束人统治自然的现状，改变人与自然之间的疏远状态。可以说，"生态女性主义者批判男性中心主义，力图建立一个以生态主义和女性主义原则为标准的、可持续发展的社会，主张改变人类统治自然的思想，改变导致剥削、统治和攻击性的价值观"②。这一特点在生态女性主义思潮的早期阶段表现尤为明显。

20 世纪 90 年代之后，生态女性主义思潮从对男性中心主义的文化批判转向了对现存世界秩序的批判，侧重于揭示资本主义国家对不发达国家以及妇女和自然的压迫，所以也被称为社会主义生态女性主义。这一时期的杰出代表人物有席瓦、格里芬等。作为生态女性主义的杰出代表，印度学者席瓦长期关注在急剧全球化形势下的女性和穷人的生活状况，指出全

① 赵媛媛、李建珊：《生态女性主义与"环境正义"之比较研究》，《科学技术与辩证法》2006 年第 4 期；王芳芳：《论生态女性主义的环境正义思想》，硕士学位论文，山西大学，2012 年。
② 吴琳：《西方生态女性主义探源》，《中南大学学报》（社会科学版）2010 年第 6 期。

球化和不合理的环境开发引发了诸多矛盾。她参与了著名的非暴力活动"抱树运动",创立了保护传统农业和公平贸易的环境 NGO 团体等。席瓦的代表作品主要有《绿色革命的暴力》(*The Violence of the Green Revolution*)、《回归家园:女性重新连接生态、健康和世界发展》(*Close to Home:Women Reconnect Ecology,Health and Development Worldwide*) 等。从生态女性主义的政治和社会关切来看,她们所追求的"并不是既存体制下与男性平等的权利,而是全球的可持续性与性别正义,并认为二者密切相关"①。

正是从上述意义上来说,生态女性主义在批评男性中心主义认知论基础上,批评了现存社会中的对女性和作为女性形象出现的自然的压迫,揭示了社会不平等的制度安排,呼吁实现社会的平等和公正,对环境正义思想的出现提供了思想的先导。

五 生态社会主义思想

自 20 世纪中期生态环境危机不断蔓延以来,诸多学术流派开始转向对环境问题的思考和研究,在这一历史背景下,生态马克思主义崭露头角并逐渐发展壮大。生态马克思主义的奠基者主要有加拿大学者本·阿格尔和美国学者福斯特等。他们基于马克思主义的立场,对资本主义条件下的异化现象进行了深入研究,揭示了资本逻辑在生态危机产生中的基础性作用,对资本主义国家对发展中国家和第三世界国家的生态殖民进行了批判,对资本主义的生态弊端进行了深刻批判,对当代生态思潮产生了重要影响。生态马克思主义开创了从马克思主义理论的角度分析生态危机原因的思考路径,对于深入反思生态问题具有重要的启发意义。

受生态马克思主义的启发,同时作为对大地伦理学和深层生态学的理论回应,英国学者戴维·佩珀(David Pepper)发展了他具有"革命性"的生态社会主义思想。生态社会主义思潮萌生于 20 世纪 70 年代,90 年代形成了较为明晰的理论主张。佩珀在对深层生态学思想的缺陷进行反思的基础上,对资本主义生产体系在全球造成的不公正进行了分析。他认为正是资本主义以逐利为根本目标的制度安排,促使其不断扩张以牟取更大的利益,并对广大发展中国家进行污染输出,造成这些国家的生态困局。佩珀

---

① 郇庆治:《西方生态女性主义论评》,《江汉论坛》2011 年第 1 期。

指出，与那些具体的环境问题相比，实现社会正义是更具有前提性的任务："社会正义或它在全球范围内的日益缺乏是所有环境问题中最为紧迫的。地球高峰会议清楚地表明，实现更多的社会公正正是与臭氧层耗尽、全球变暖以及其他全球难题做斗争的前提条件。"① 他呼吁超越各种生态中心论的思潮，对现有的资本主义制度进行根本变革。

生态社会主义以马克思主义的视角来观察和分析生态危机，指出发达资本主义国家不肯放弃它们在全球资本主义体系中的既得利益，试图长期保持当前不平等、不公正的世界环境格局，从而使得全球生态危机更加严重。他们对社会不平等结构的分析和对公平正义的呼吁，为后续学者的进一步研究奠定了理论基础。

第二节　环境正义理论的基本内容

受环境正义运动的影响，美国学者较早对环境正义展开了深入研究，其主要代表人物有彼得·S. 温茨、罗伯特·布拉德等人。温茨秉承罗尔斯的传统，对功利主义思想指导下的环境政策进行了批判，认为应超越功利主义，建立以正义原则为指导的环境政策。而布拉德则在实证研究的基础上，对环境种族主义进行了抨击，提出了环境正义的具体要求。相比较而言，温茨的工作主要侧重于理论建构，布拉德的工作则更侧重于实证研究和具体操作。美国的环境正义研究迅速影响了世界其他国家，日本的一些学者在借鉴美国相关研究的基础上，在环境正义研究领域取得了重要进展，其代表人物主要有户田清、丸山德次、岩佐茂等。近年来，我国学者在环境正义方面也进行了细致研究，成果颇为丰硕。下文主要梳理了以温茨、布拉德等人为代表的美国环境正义思想，以及日本学者户田清和岩佐茂等人的思想，兼及我国学者在这一领域的研究。

---

① ［英］戴维·佩珀：《生态社会主义：从深生态学到社会正义》，刘颖译，山东大学出版社2005年版，第2页。

一 环境正义的含义

关于环境正义的含义，目前尚未达成完全一致的意见，也很难完全达成一致。美国学者及官方对环境正义的界定比较强调"同等情况同样对待"，尤其是关注环境负担的平等分配；日本学者对环境正义的主张则基本是将其置于"加害—受害"结构中来分析，侧重于对受害者的救济补偿、企业公害的预防以及整体环境质量的保全；印度学者及其他一些发展中国家则更关注国家间的平等；我国学者较为注重环境资源的分配等方面。

在美国学者中，对环境正义给出较为明确界定的有菲洛米娜·C. 斯黛迪（Filomina Chioma Steady）等人。斯黛迪认为环境正义包含如下原则："所有人和所有社区在环境、健康、就业、居住、迁徙和人权法律方面都享有平等的被保护的权利。任何将环境负担过度强加给那些没有产生环境负担的无辜局外人或社区的（行为）都是不正义的。"[1] 在这里，斯黛迪强调公民在环境权方面的平等以及环境负担分配的合理性，这些主张鲜明地体现了美国环境正义运动的诉求。

迄今为止，关于环境正义最为权威的官方界定当数美国环保署的界定："环境正义是指任何人不论种族、肤色、国籍或收入，均会受到平等对待，并可有效参与到环境法规和政策的制定、实施和执行之中。平等对待是指没有任何群体应该忍受因工业、政府和商业运营或政策带来的消极环境后果。有效参与是指：（1）人们有机会参与到可能影响他们环境或健康的事务决定中；（2）公众意见能够影响监管机构的决策；（3）（决策机构）在做出决定的过程中会考虑公众的担忧；（4）决策者寻找和促进具有潜在影响的参与。"[2] 从上述界定的具体内容来看，美国环保署首先强调应平等对待公民，尤其是在消极环境后果的分配方面；另外就是特别注重公众在环境决策过程中的参与。

日本学者户田清则将环境正义延伸到了整体环境保全的层面，他认

---

[1] Filomina Chioma Steady, *Environmental Justice in the New Millennium*, New York：Palgrave Macmillan，2009，p. 48.

[2] http：//www. epa. gov/environmentaljustice/basics/ejbackground. html，最后访问日期：2013 年 12 月 1 日。

为："所谓'环境正义'（Environmental justice）的思想是指在减少整个人类生活环境负荷的同时，在环境利益（享受资源环境）以及环境破坏的负担（受害）上贯彻'公平原则'（Equity principle），以此来同时达到环境保全和社会公平这一目的。"① 岩佐茂进一步论述了环境正义的两个维度：代际正义和代内正义。他认为代际正义"是指为子孙后代留下良好的环境，这是关系到人类持续生存的问题"②。岩佐茂指出，代际正义的关键在于作为现在世代的人们，在享受良好环境的同时，绝不允许环境破坏，这样才能给子孙后代留下良好环境。而代内正义的问题"是关系到同一世代的人们能否在地域规模以及全球规模上共同享受良好的环境"③。代内正义的关键，其一在于纠正南北之间的环境不公，其二在于关注环境破坏中的加害者和受害者。

近年来，我国有若干学者致力于环境正义或环境公平问题的研究，如蔡守秋、洪大用、李培超、杨通进、曾建平、晋海、钱水苗、王韬洋、马晶、梁剑琴等人。早期研究者较多使用"环境公平"这一术语，近几年研究者们多使用"环境正义"这一术语。上述这些学者对于环境正义或环境公平的含义进行了较为充分的讨论，蔡守秋、洪大用、李培超等人均对这一概念的界定做出过开创性贡献。如洪大用从权利和义务两个维度给出了环境公平的两层含义："第一层含义是指所有人都应有享受清洁环境而不遭受不利环境伤害的权利，第二层含义是指环境破坏的责任应与环境保护的义务相对称。"④ 他认为环境公平除了表现为代际公平和代内公平以外，还表现为国际层次、地区层次和群体层次的环境公平。

而将环境公平这一概念发展得较为完备的当数钱水苗从法学视角进行的界定："所谓环境公平，指在环境资源的利用、保护，以及环境破坏性后果的承受和治理上所有主体都应享有同等的权利、负有同等的义务。除有法定和约定的情形，任何主体不能被人加给环境费用和环境负担；任何主体的环境权利都有可靠保障，受到侵害时能得到及时有效的救济，对任

---

① 转引自韩立新《环境价值论》，人民出版社2005年版，第177页。

② ［日］岩佐茂：《环境的思想与伦理》，冯雷、李欣荣、尤维芬译，中央编译出版社2011年版，第160页。

③ 同上。

④ 洪大用：《当代中国环境公平问题的三种表现》，《江苏社会科学》2001年第3期。

何主体违反环境义务的行为予以及时有效的纠正和处罚。"① 钱水苗对环境公平的界定不仅涉及主体在环境权利和环境义务方面的平等，而且进一步阐释了对环境侵权行为进行纠正和处罚、对被侵害者进行救济等主张，不仅具有理论上的完备性，同时也具有较强的操作性和指导意义。

二　环境正义的必要性

对环境正义必要性的论述以温茨的论述最为清晰，他在罗尔斯正义理论的基础上，主要从分配正义尤其是稀缺资源的分配角度出发，分析了正义问题产生的条件和正义对于维持社会秩序的必要性。温茨指出："正义问题会在某些东西相对需要而供应不足或者被意识到供应不足的情况下出现。"② 他认为现代社会由于分工的产生，人们在社会生活中高度相互依赖，由此产生了广泛的社会合作，但这种合作必须建立在人们觉得社会秩序尚属公正的基础上。如果人们普遍感觉政策不公正，他们就会拒绝合作，而当民族国家这样的共同体内部出现抵制性行为时，社会秩序是难以维持的，即使采用暴力手段也无法奏效。这是我们所处的现代工业社会的脆弱性，而正义是维持这种脆弱社会秩序的必要条件。

具体到环境领域，温茨认为环境正义是保持环境的可持久居住性的必要条件，也是维持社会团结和社会秩序的必要条件。温茨指出，在环境领域我们经常需要对进行某种活动和生产某种商品的权利进行分配，从而确保人们在对环境资源的诸种利用间保持协调一致。而在环境资源和环境利益的分配方面，不同社会群体之间的利益是对立的，"一个群体的利益实现得越多，另一群体获得的利益就会越少"③。环境政策经常要求人们做出大量的牺牲，如果人们感到这些政策一贯偏袒一些集团，而政府又不能为这些政策的合理性做出辩护，就会削弱维持社会秩序所必需的自愿合作。所以，政府必须让人们确信"他们获得了他们公正的利益份额，并且没有被任何一个被认为不公正的环境政策所破坏"④。政府要想让人们相信他们

---

① 钱水苗：《环境公平应成为农村环境保护法的基本理念》，《当代法学》2009 年第 1 期。
② ［美］彼得·S. 温茨：《环境正义论》，朱丹琼、宋玉波译，上海人民出版社 2007 年版，第 8 页。
③ 同上书，第 24 页。
④ 同上书，第 26 页。

所做出的牺牲是值得的，就不得不采用正当合理的正义原理来设计环境政策，即环境政策必须蕴含环境正义原理。

三　成本效益分析方法的非正义性

成本效益分析（Cost-Benefit Analysis，CBA）是一种经济决策方法，它以货币单位为基础，对某些公共事业项目或某项公共政策的成本和效益进行估算和衡量，从而确定是否启动该项目或实施该政策。成本效益分析方法于19世纪为法国经济学家朱乐斯·帕帕特首创，并被定义为"社会的改良"；意大利经济学家帕累托将这一方法加以改进，提出了著名的帕累托标准（The Pareto Criterion），即一项政策应该至少有益于一个人而无害于任何人；帕累托标准由于过于严格而难以实行，到了20世纪40年代，美国经济学家尼古拉斯·卡尔多和约翰·希克斯对这一方法加以完善，提出了所谓的卡尔多—希克斯原理（the Kaldor-Hicks Principle），这一原理主张："只要对于那些从某一政策中获利的人来说，充分赔偿那些遭受损失的人是可能的，那么该项将成本施加给某些人的政策就是可以接受的。"[1] 最近六七十年以来，这一决策方法被世界各国广泛采用。温茨综合运用政治学、经济学的原理和实例，深入分析了成本效益分析方法的非正义性、不可靠性以及依据该方法产生的决策的失真性等。

首先是该方法的非正义性。成本效益分析要求将决策涉及的各种因素换算成货币价值，并用人们的支付意愿取代效用，但是对同一项环境利益而言，富人显然比穷人具有更强的支付意愿，因而根据人们的支付意愿而衡量的净社会效益最大化的政策，将会导致更多利益向富人倾斜、更多负担向穷人倾斜，从而加剧利益与负担分配的不公平；而理想的公共政策应该给予每个人以同等尊重，所以，成本效益分析中明显包含政治不正义的因素。另外，由于该方法要求将未来的利益贴现，从而产生了在理论上对后代人的生命和健康忽略的结果，这严重违背代际正义。

---

① ［美］彼得·S. 温茨：《环境正义论》，朱丹琼、宋玉波译，上海人民出版社2007年版，第276页。

其次是该方法的不可靠性。温茨指出，成本效益分析方法的不可靠性主要来源于它所依赖的影子价格和贴现率。成本效益分析以支付意愿来测定效益，这一标准适用于那些可以在市场上买卖的要素，但很多重要的环境要素以及人的生命却不能用这种方法来估价，只能间接地由人们的言行来推测，推测出来的价格被称为影子价格，但任何给出的影子价格都是不准确的，因而彻底的成本效益分析是不可靠的。导致该方法不可靠的另一个因素是所谓的贴现率。成本效益分析方法将未来的成本与效益用贴现率来贴现。但迄今为止，没有一种特别的贴现率被普遍接受，根据项目分析师价值取向的不同，贴现率的可能价值范围可以从0—10%不等，而这会极大地影响核算的结果。所以，温茨认为成本效益分析方法并不是一种中性的分析工具，它只是用貌似客观的数据掩盖了政策主张者的主观偏好而已。

最后是该方法导致的决策的失真性。由于成本效益分析的一个主要指标是人们的支付意愿，而人们的支付意愿取决于人们的偏好，但偏好本身也是先前公共政策的产物，由过去不公正的决策导致的人们偏好的反常，其影响会波及很多偏好，因而缺乏可行的方法决定支付意愿的客观性及真实性。成本效益分析方法也认为大部分人们现今的偏好不值得重视，所以，成本效益分析方法要求信任人们的支付意愿，但又破坏了这些信任的基础，因而产生了决策的失真。

在温茨看来，成本效益分析方法既依赖于正义理论，又与功利主义和效率理论紧密相关，如果将这一方法作为环境决策的唯一方法，将会产生严重的环境不公——分配不正义和不尊重基本人权，只对有钱人有利。所以他认为，成本效益分析不能成为环境政策的唯一决定因素，它应该被并入一个更为综合的理论。

四　同心圆理论

温茨分析了德性理论、自由派理论、效率理论、人权观、动物权利论、功利主义理论、正义论等学说的主张、贡献与局限，尤其是深入探讨了自由派理论、效率理论、功利主义理论以及基于效率理论和功利主义理论而形成的成本效益分析方法在实现环境正义方面的不充分性，运用反思性平衡①的方法将这些理论进行修正与调和，形成了一个更具弹性的多元理论——同心圆理论，这是温茨在实现环境正义方面的一个突出贡献，它提供了一个构建环境正义问题的思考框架。

温茨否定了传统假定的运用某种唯一的主导理论来解决所有问题的观点，认为这一假定使我们的正义观变得支离破碎，无法对我们行为与政策的正当性进行有条理的辩护。他指出："不存在某种唯一的非多元理论，能够调和我们各种各样深思熟虑的道德判断。"② 所以，温茨捍卫一种多元正义理论，认为当一个理论展示出与正义相关的因素，并诉诸人们的明智判断时，这一理论就是合理的。而他所辩护的同心圆理论正是基于这一标准提出的。

同心圆理论是基于人际关系的考量而提出的，它主张："我们与某人或某物的关系越亲近，我们在此关系中所承担的义务数量就越多，并且/或者我们在其中所承担的义务就越重。亲密性与义务的数量以及程度明确相关。"③ 同心圆理论包含以下十个主题。

①亲密性的界定依据于个人对他者所负有义务的数量与程度而定。

②义务在现实或在潜在的互动背景下出现。出于普受尊重的理由，这些互动关系与上述义务结合在一起。……亲密性并非真的与亲情或者主观感受有联系。

③义务普受尊重的理由包括如下所列，但并不限于此：我已从他人的仁慈或帮助中受益，我尤其具有有利的条件去帮助他者；另一人

---

① 反思性平衡（reflective equilibrium）方法来源于罗尔斯，罗尔斯在说明自己证明方法时，结合自己对原初状态和正义原则的论证阐释了反思性平衡的方法："在寻求对这种原初状态的最可取描述时，我们是从两端进行的。……我们或者修改对原初状态的解释，或者修改我们现在的判断；……最后我们将达到这样一种对原初状态的描述：它既表达了合理的条件；又适合我们所考虑的并已及时修正和调整了的判断。这种情况我把他叫作反思的平衡。它是一种平衡，因为我们的原则和判断最后达到了和谐；它又是反思的，因为我们知道我们的判断符合什么样的原则和是在什么前提下符合的。……但这种平衡并不是一定稳固的，而是容易被打破的。"见［美］约翰·罗尔斯《正义论》，何怀宏、何包钢、廖申白译，中国社会科学出版社1998年版，第19—20页。
② ［美］彼得·S. 温茨：《环境正义论》，朱丹琼、宋玉波译，上海人民出版社2007年版，第398页。
③ 同上书，第402页。

与我已经着手承担了一项计划；他者与我正在为实现同样的目标、保有同样的理想或是保存同样的传统而工作；我已经单方面担负了对他者的承诺；我的行为对他者具有特别强烈的影响；我已经因对他者或者对他者造成不利影响的某次不正义而作恶或从中获益。这些关系及其他关系引发出一系列复杂的道德思考，同心圆观点在不强加一种僵硬的等级制度的同时，给予其某种秩序。

④仅仅生物相关性证明不了义务的存在，因此，同心圆方法并不承认种族中心主义或人类至上主义。

⑤在其他各点都相同的情况下，对于更靠近同心圆里层的他者而言，我有更强烈以及/或更多的义务满足他们的偏好。

⑥在其他各点都相同的情况下，对于更靠近同心圆里层的他者的积极人权而言，我负有更强烈以及/或更多的义务。

⑦在其他各点都相同的情况下，即使那些积极权利已成问题者与那些偏好有待解决者相比离我更疏远，我也有更多的义务对积极权利而不是对偏好满足做出响应。

⑧人类以外的动物不具备积极权利，除非是家养动物或者农场动物。

⑨消极权利适用于所有生活主体，不管其处于同心圆的什么位置，但这些权利并非绝对的，它们有时会让位于其他一些考虑因素。

⑩环境中的无情部分不具有权利，但我们有义务减轻我们的工业文明对环境的破坏性影响。对有助于提高生物多样性的进化过程保存而言，我们负有某些为之作些什么的义务。这包括致力于保存濒危物种以及对荒野的保留。①

温茨的同心圆理论要求在考虑环境正义相关因素的前提下，依据个体的明智判断力来加以利用，与其他环境正义理论相比，它是一种涵盖更为全面的理论。这一理论不但包含如何处理国际环境正义的原则，也包括处理国家内部代内环境正义的原则，还包括如何处理代际、种际以及人与无机环境之间的正义的原则，是一项颇具指导意义的多元正义论。温茨的理

---

① ［美］彼得·S.温茨：《环境正义论》，朱丹琼、宋玉波译，上海人民出版社2007年版，第402—403页。

论主要是在伦理学的框架下展开，特别强调个体在环境事务中的义务，尤其是在亲密性关系中彼此的义务数量和义务强度。而在 20 世纪 90 年代之后，随着环境运动日益深入的影响，美国的环境正义研究更多地关注现实，侧重从政治层面和社会政策层面来探讨国家如何实现环境正义，需要遵循哪些原则和框架结构。

五　环境正义的框架

环境正义框架是美国社会学者罗伯特·布拉德提出的。布拉德是美国加利福尼亚大学的教授、美国首次全国有色人种环境领导峰会和克林顿改革小组的咨询委员会成员。十几年来，他一直致力于污染政治学以及黑人和低收入群体怎样不成比例地承担了环境压力的研究，主要作品包括：《倾倒在迪克西：种族、阶级和环境质量》（*Dumping in Dixie：Race，Class，and Environmental Quality*，1993）、《面对环境种族主义：来自草根的声音》（*Confronting Environmental Racism：Voices from the Grassroots*，1993）、《不平等的保护：环境正义和有色人种社区》（*Unequal Protection：Environmental Justice and Communities of Color*，1994）、《追求环境正义：人权和污染政治学》（*The Quest for Environmental Justice：Human Rights and the Politics of Pollution*，2005）等。

与温茨从人际关系的亲密程度来界定环境义务的视角不同，布拉德一直聚焦于城市土地使用、住房、社区发展、工业设施选址等社会现实问题。布拉德认为，环境哲学和环境决策经常无法解决下列"正义"问题："哪些人获得了帮助而哪些人没有；哪些人可以提供帮助而哪些人不能；为什么有些受污染的社区得到了研究而另一些社区却被中断研究议程；为什么工业会污染一些社区而不污染其他社区；以及为什么有些社区被保护而另外一些社区不被保护。"①

布拉德在他主编的《面对环境种族主义》一书中，提出了环境正义的四个框架建议："一是体现所有个体免受环境退化侵害的权利原则；二是将公共健康预防模式（在损害发生前消除威胁）作为首选策略；三是将举

---

① Robert D. Bullard, *Confronting Environmental Racism：Voices from the Grassroots*，Boston：South End Press，1993，p. 206.

证责任转移给那些造成损害、歧视或没有对不同种族、少数民族或其他需要保护的阶级给予同等保护的污染者或责任者；四是通过有针对性的行动和方法纠正不成比例的压力。"[1] 这一框架建议是基于一个直接的社会问题之上的，即"谁得到了什么，为什么和得到了多少"（who gets what，why，and how much），只有当环境问题被如此深刻地追问时，我们才能真正找到环境问题的原因，从而有效探索破解环境问题的途径。

六　环境正义的原则

1991 年 10 月，在美国联合基督教会种族正义委员会的资助下，在华盛顿特区召开了全美第一次有色人种环境领导人高峰会议，共有 300 多个代表团参加会议，代表们经过激烈的讨论，制定并通过了 17 项环境正义原则，这些原则成为美国环境正义运动的宗旨，对世界其他国家也产生了重要影响。这 17 项原则涵盖内容十分广泛，如生物物种保护、公共政策原则、土地及可再生资源的合理利用、适度消费、减少废物的制造等，但这些原则更加注重基本人权保护，受害者补偿，环境安全及有毒、有害废弃物产生者的责任等方面，并提供了实现环境正义的具体方案。如第 4条："环境正义要求普遍保障人们免受核试验以及提取、生产、处理有害废弃物和有毒物产生的对于人们享有清洁的空气、土地、水及食物之基本权利的威胁"；第 6 条："环境正义要求停止生产所有的有毒物、有害废弃物及放射性物质，并且要求所有过去和现在的生产者对于民众都必须承担起清理毒物以及防止其扩散的严格责任"；第 8 条："环境正义主张所有工人都享有在安全、健康的环境中工作，而不必被迫在不安全的生活环境与失业之间做出选择的权利"；第 9 条："环境正义保护处于环境不公正境遇中的受害者拥有得到所受损害的充分补偿和修复，以及优质的医疗服务的权利"。[2] 上述这些基本的环境正义原则，对我们所进行的环境弱势群体的权益保障研究具有重要的借鉴意义。

---

[1]　Robert D. Bullard, *Confronting Environmental Racism：Voices from the Grassroots*, Boston：South End Press, 1993, p. 203.

[2]　［日］岩佐茂：《环境的思想与伦理》，冯雷、李欣荣、尤维芬译，中央编译出版社 2011 年版，第 203—204 页。

第三节 环境正义再思考

环境正义问题既是一个"新"问题，也是一个"老"问题，它既体现了当前社会关切的焦点，又是人类社会的恒久期待。说它"新"，主要是因为环境正义问题是伴随全球环境危机而产生的新问题。在生态环境良好的条件下，环境并不是一种稀缺资源，人们可以根据需要任意自取而不必考虑该资源的公平分配；但在环境危机日益严重的条件下，良好环境日益成为一种稀缺资源，如何分配这一资源就产生了对正义的呼唤。说它"老"，主要是因为正义问题是人类社会恒久追求但又不能长期拥有的老问题。一般而言，在正义发挥作用的情况下人们基本没有明显的感觉，很难觉察到非正义已经在逐步逼近，只有当正义开始缺失时，人们才会发现社会已经背离了原来的正常轨道，但要纠偏则需要假以时日。所以，从社会正义史的角度来看，正义的拥有和缺失是社会发展的主旋律，需要不断从政策制度层面进行调整。只是由于在不同的社会发展阶段人们关注领域的不同，正义的面向也会有所不同而已。

一 环境正义的所指

前文我们已经对国内外学者或官方机构所给出的环境正义进行了梳理，这些定义从不同的视角强调了环境正义的不同侧面，如美国学者较为强调环境负担的"平等"分配，日本社会则更注重受害补偿，我国学者则较为注重权利和义务的对等。这些界定对于深化对环境正义的理解和研究具有重要意义。在本书中，出于厘清研究范围和统领研究内容的需要，我们也有必要给出一个环境正义的界定。而要想给环境正义下一个定义是十分困难的事情，因为"环境"和"正义"都是含义广泛的词汇，而这两个词汇的组合就更加难以界定。所以，我们只能尝试着给出一个环境正义的"工作定义"，即我们是在何种意义上使用这一概念的。

首先来看环境（environment）的基本含义。现代汉语词典关于环境的解释包括两个方面：一是周围的地方，二是周围的情况和条件。[①] 百度百科给出的环境的概念为："环境是相对于某一事物来说的，是指围绕着某一事物（通常称其为主体）并对该事物会产生某些影响的所有外界事物（通常称其为客体），即环境是指相对并相关于某项中心事物的周围事物。"[②] 综合这两种关于环境的概念，我们可以将环境表述为"相对于某项中心事物而言的周围的情况和条件"，环境的大小和内容是根据"中心事物"的不同而有所区别的。在通常的意义上，我们一般将这一"中心事物"默认为人类，即环境是环绕于人类周围的事物和条件。从广义的视角来看，环境既包括自然环境，也包括社会环境；而狭义的环境则主要是指相对于人类而言的，包括大气、水、土壤、植被等多种要素的自然环境。本书中所用的环境，一般是指环绕于社会群体周围的空气、水、土壤等整体大环境，在少数情况下，是指某些群体所属的土地、房屋等小环境。

其次是关于正义（Justice）的含义。正义是人类千百年来不懈的追求，古今中外若干先贤都曾对正义有所论述，但关于正义的含义却莫衷一是，歧见丛生。如果想对正义进行较为合宜的界定，需要对正义概念的流变进行系统考察和梳理并加以评价，这实在是超出了笔者的能力范畴；但迫于研究的需要，本书又不得不勉力给出关于正义的含义，所以只能是勉为其难地从关于正义的海量界定中撷取一二，以便展开下文的论述。正义是一个有着众多含义的词汇，我们尝试着从如下几个角度对其含义进行简单的勾勒。一是从词源学的角度来看，根据麦金太尔的考证，正义是指"一种统一、和谐、理性的社会基本秩序和据之而践行的个人崇高德性"，[③] 即按照宇宙或社会的基本秩序要求来规范自己的行动和事物，我们可以发现，这基本是一个伦理学范畴的正义观念，其主旨在于个体的行动应该按照自然和社会的基本秩序而展开，而不能破坏这一基本秩序。二是从发生学的角度来看，正义观念萌生于原始人的平等观，形成于私有财产出现后的社会，是人们在对自身利益关注的基础上，对于平等分配社会利益的价值追求。"正义乃是人们现实社会经济政治利益关系失衡的折射并要求社会利

---

① 中国社会科学院语言研究所词典编辑室：《现代汉语词典》，商务印书馆1978年版，第550页。
② http://baike.baidu.com，最后访问日期：2014年4月4日。
③ 毛勒堂：《什么是正义——多维度的综合考察》，《云南师范大学学报》2006年第6期。

益关系平衡的价值表达。"① 当人们认为自身的利益受到了侵犯时，就会发出呼唤正义的呼声。从这一角度看来，正义观念的产生源于平等分配利益的社会现实需要，平等是其突出要求。三是从发展史的角度，随着人类社会的发展，正义的涵盖范围不断扩大，从作为平等的正义逐步发展到作为公平的正义、作为权利的正义、作为自由的正义等。正义已经从最初的"平等"发展到公平、权利、自由等多种所指。本书所指的正义主要是从伦理学、政治学和法学视阈出发的正义，即遵照一定的社会道德标准，在不同社会群体之间公平分配社会利益和社会负担，对于违背上述要求的行为予以惩罚，以保障每个公民的合法权利和利益。它要求在处理社会公共事务的过程中，贯彻平等、公正、人权的基本原则，对每一个公民的合法权益给予平等保护。

最后是关于环境正义（Environmental Justice，EJ）的含义。环境正义是近几十年随着环境危机的深化而逐步凸显的正义的一个新面向，是社会正义在环境领域的体现，主要是指在环境利益的分配和享用、环境负担和环境风险的承担等方面的公平、平等，以及对公民基本环境权益的平等保护。从分配正义的角度而言，环境正义的核心要求是在环境利益和环境负担的分配方面遵循平等原则，其基本要旨是"同等情况同等对待，不同情况区别对待"，所谓区别对待是指相关政策要有利于环境处境中的最不利者，也即环境正义追求的是实质上的平等，而不是简单的形式上的平等。从承认正义的角度而言，环境正义要求承认某些社会群体为了社会的整体环境利益或生态利益而牺牲了自己的某些利益，要求对这些群体的牺牲做出充分的补偿，如对某些生态移民、开发移民、工矿企业造成的移民等各方面的损失进行全面评估和补偿等。从程序正义的角度而言，环境正义要求在公民充分的知情、参与的前提下进行环境决策，对于环境决策受影响民众的知情权、参与权、表决权和监督权都给予充分重视，强调决策的民主化，注重社会群体之间在环境问题上的利益博弈和协商等。从环境正义的地区层次而言，环境正义包括国际正义、国内正义和区域正义等；从环境正义的群体层次而言，环境正义包括代际正义、代内正义等。如无特殊说明，本书下文所指的环境正义主要是在国内正义层次上的代内正义。

---

① 毛勒堂：《什么是正义——多维度的综合考察》，《云南师范大学学报》2006 年第 6 期。

近年来，人们在使用"环境正义"这一术语时，往往会涉及它与环境公平（environmental equity）、生态正义（ecological justice）、社会正义（social justice）的关系，将环境正义与上述词汇进行比较，是厘清环境正义概念的重要基础。在此，笔者尝试着在这四个概念之间进行某些初步的区分。第一，环境公平主要是指在环境问题上的公正和平等，它是实现环境正义的先决条件，在大部分情况下，它可以作为环境正义的同义语来看待，本书在研究和思考过程中基本是将二者作为同一事物来对待的；第二，生态正义从其所指的范畴来看，主要是突出整体生态系统中物种之间的公平和平等，它所涵盖的范围不是以人类为中心的自然环境，而是包括所有物种在内的整个生态系统，环境正义突出的是国与国之间、地区与地区之间、群体与群体之间的"人际公平"，而生态正义突出的是不同层级的物种之间的平等，即"种际公平"；第三，社会正义是指在社会生活领域的公平和平等，它所涵盖的内容包括社会生活的方方面面，其决定性的领域包括政治、经济、文化等方面的平等和公平。环境正义与社会正义相比，是专门指向环境问题的正义，是社会正义的一个下位的概念，是从属于社会正义的一个部分，但环境正义同时还具有环境问题的特殊特点，它与环境问题、生态问题等具有密切的联系，是环境科学和社会科学交叉的领域，具有突出的融合性和复杂性。

二　环境非正义的表现

社会正义从来不是自动产生的，相反，社会非正义的产生却具有某种自发性和自动性。所以，社会正义是人们在正义缺失的情况下对正义进行呼唤，对相关政策、制度等进行纠偏的结果。同样，人们对环境正义的呼唤也是源于现实中的环境非正义。在环境危机日益蔓延的世界局势下，各种环境非正义的现象正在侵蚀着社会的肌体，对正常的社会秩序产生了很大冲击。概括说来，环境非正义主要表现在以下四个方面。

首先是无辜者承担污染后果。从社会结构的角度来看，那些对环境造成污染或破坏的人往往可以规避环境污染的后果，而那些并没有造成污染的人却是环境污染后果的实际承担者，如在现实中大量存在的工矿企业对周边环境造成污染的案例中，这些工矿企业的管理者往往由于经济能力的强大而有较强的选择能力，在距离企业较远、环境较好的地区居住和生活，而这些工矿企业的工人和周边居民却因经济上的窘迫而不得不选择在污染环境下工作和居住。这就形成了"加害—受害"结构，一部分群体对环境造成了污染，而另一部分被迫承受过重的污染后果，这显然违背了环境正义对环境负担公平分配的要求，在环境权利和环境义务方面严重不对等。

其次是环境风险的分配不均衡。在现代社会，随着科学技术的发展和环境问题的不断严重，环境风险呈现出多样化、严重化、切近性等特点，对这些日益明显的环境风险的分配则成为现代社会一个重要问题。在社会现实中，环境风险的分配并不是在社会各群体之间平均进行的，一般说来，环境风险的分配表现出了如贝克所言的"财富在上层聚集，风险在下层聚集"的特点，也表现出了"最小抵抗路径"原则。对风险的分配体现出了鲜明的阶级性，即那些在政治、经济、教育等方面处于劣势的社会群体承担了较多的环境风险，如在美国社会中商业垃圾站点往往倾向于选在贫困者或有色人种的社区；而在我国，垃圾焚烧场则大多选在大中城市的郊区而不是垃圾产出量更多的城市中心区域。在这些决策过程中，并没有体现垃圾产生量与应该承担的责任之间的关系，也没有遵循环境风险合理分配的原则，因而这也是一类数量较多的环境非正义现象。随着风险的增多和公民风险意识的增强，并且伴随世界愈益民主化的潮流，这类现象正在受到越来越多的抵制和抗议。

再次是环境开发移民未获应有补偿。伴随着世界现代化的进程，在世界不少国家都曾有过大规模的环境开发阶段，这些开发项目基本都着眼于地区或国家的整体发展，对社会绝大部分群体有利，但建设项目所在区域的居民却需要进行移民，离开自己多年生活的区域，并且有些还会涉及最重要的生产资料——土地问题，这就是典型的"受益—受苦"结构。在建设拆迁的过程中，受苦圈和受益圈并不完全重合，受苦圈往往要承受迁移、土地被低价征用等问题，并且不能从相关项目中获益；而如果缺乏相应的补偿制度，则受益圈只需享受项目开发带来的好处，而不必承担项目开发的代价。从环境正义的要求来看，这也是一种环境不公，其核心是受苦圈层的损失被认为是社会发展应有的代价，是"必要之恶"，而没有从移民群体的切实利益出发，对他们的基本权益缺乏尊重和承认，并进而导致出现暴力强拆、低价补偿等更严重的不公问题。

最后是生态建设移民的权益未获应有承认。随着环境保护主义向纵深发展，各种生态思潮不断出现，如大地生态学、深生态学、动物保护主义、荒野保护主义等生态思潮，它们基本上都认为人类活动是造成环境危机、物种减少的主要原因，主张对人类的行为进行限制，并且在某些重点生态区域限制民众获得基本生活资料的行为，还主张将某些生态脆弱地区的居民迁到其他区域。从生态文明建设的角度来看，这些主张无疑是有利于生态建设的，并且是必需的举措。但有些地域在生态移民的过程中，虽充分认识到了生态移民的必要性和合理性，但对于生态移民的基本权益和补偿标准等方面的认识还不够，在移民区域的社会建设投入方面还有欠缺，对于移民因迁移而带来的生活困难缺乏足够的估计，使得有些生态移民对于新生活缺乏适应能力，而受益地区也并未做出相应的补偿，致使生态移民的权益遭到忽略，政府难以对他们的全部损失进行合理评价，并做出适当的补偿。

总之，20世纪中期以来，世界范围内出现的风起云涌的环境运动，究其原因都是由于各种环境非正义现象的存在，环境非正义损害了弱势群体的基本权益，尤其是环境权和以财产权为核心的合法权益，因而遭到了受影响群体的持续反抗，这些反抗对社会秩序产生了深远影响。

三 环境正义的基本要求

在分析了以上四种较为典型的环境非正义现象之后，从克服当前环境非正义的角度来反思，我们尝试从学理的层面概括环境正义的几个基本要求。但这些要求是基于理想的"应然"层面的考量，我们在现实中可能有时不得不做出某些妥协和权衡，但坚持环境正义的价值追求永远不能放弃，否则会出现严重的社会冲突，导致社会秩序的崩溃，直接威胁政府执政的合法性。

首先，加害者对受害者进行赔偿的要求。现代法律体系的典型特征是对人权的积极捍卫，对各种侵犯人权行为的竭力制止。而在"加害—受害"结构下，加害者（如有污染行为的工矿企业）通过环境介质对受害者进行环境侵害，虽然这种侵害具有间接性和滞后性，但从法理层面来看，这种加害行为明显违背了现代民法体系的基本要求。所以，从维护环境正义的角度来看，理应由加害者对受害者进行赔偿，这是维护环境正义最为基本的要求，也是无可退却的底线要求，如果任由加害者进行侵害而不予追究，将会产生更多的环境不公，严重侵犯弱势群体的基本权益，与现代国家的基本使命背道而驰，同时，也容易引发弱势群体严重的抵触情绪和反抗行为，影响社会秩序的稳定与和谐。

其次，受益圈对受苦圈民众的合理补偿。无论是环境开发移民还是生态移民，他们都是损失自身合法权益而为国家建设或地区建设做出了贡献，对他们所作的牺牲予以承认，从政治荣誉和经济利益等方面对他们进行合理补偿，是社会发展应有的人道主义关怀，是衡量社会文明程度的重要标准，也是促使社会良性运行的必要条件。任何打着为了整体利益必须牺牲个体利益旗号的主张，都是在功利主义思想指导下对公民正当权利的侵犯，有悖保护民权的现代思潮。在对受苦圈层进行补偿的问题上，应该让受益圈担负起更多的责任，如在补偿资金的提供、移民社区的建设、移民可持续生活能力的培育等方面，都可以让社会受益群体进行回馈，体现环境正义的基本要求，不断增加社会各阶层的融合度。

再次，环境风险在社会各阶层的合理分配。环境风险的分配是当前社会面临的重大问题，该问题对于各国的正常社会秩序具有深远影响。在环境风险的分配方面应体现公平、公正、公开的原则，对于有可能产生"邻避现象"的项目和设施，不应仅从经济角度考虑选址问题，而应遵循权利和责任匹配的原则，深入分析社会各阶层在环境问题中的责任，让产生环境问题较多的群体更多地承担相应的责任和风险，避免将环境风险不成比例地加在弱势群体身上。

最后，富裕群体对环境问题的更多承担。在贫富差距的社会背景下，富裕阶层消耗了较多的社会资源，产生了较多的生活废弃物，具有更大的污染能力和可能性，并且具有较强的进行生态环境建设的能力和资本。但在社会现实条件下，富裕阶层却较少地承担环境责任，这与其造成的环境威胁是不成正比的。在环境正义的视阈下，本着权利与责任对等的原则，富裕阶层应该更多地承担起相应的责任，在减少污染、减少废弃物的产生等方面做出自己的贡献，并且更为积极地为生态建设和环境改善提供资金或其他支持。

以上我们对环境正义基本要求的讨论基本是在学理层面展开的，充满了理想主义的色彩，但作为一种社会发展方向的设计和社会价值目标的追求，这些基本要求是我们维护环境正义所必需的。我们在环境政策的制定、环境法规的出台中都应遵循这些基本要求，在相应的制度设计中也应考虑这些基本要求，将实现环境正义作为制度追求的目标。

第三章 我国环境弱势群体现状分析

我国近年来在环境体制健全、环境设施配备、环境法规完善等方面取得了长足进展，环境治理成效较为明显，各社会群体之间的关系也基本处于和谐状态。但作为经济迅速增长的发展中国家，我国拥有数量众多的工业企业，主要工业污染物的排放总量巨大，主要环境要素土壤、大气和水的质量也不容乐观。在这种严峻的形势下，环境弱势群体承担了环境污染的主要后果，他们或者工作环境中存在环境致病风险，或者生活环境遭到破坏，或者饮用水源受到污染。如果相关部门不能及时采取措施制止环境侵害并对他们进行救助，这些问题很可能成为影响社会稳定的隐患，诱发社会治理的问题。

第一节 我国环境弱势群体的基本类型

在第一章中，我们将环境弱势群体划分为四种类型：环境资源匮乏群体、环境利益受损群体、环境风险承担群体和环境污染受害群体。根据他们的环境利益受损程度和处境的危急程度，按照从重到轻的顺序排序，我国环境弱势群体主要包括污染企业一线工人、污染企业周边居民、生态恶化地区的农民、环境开发移民与生态保护移民等，下文中我们将对这些群体的现实状况进行分类描述。

一 污染行业企业一线工人

弥漫全球的环境危机产生的原因是多方面的，但从污染物产生的主要来源看，工业企业和采矿业的污染是点源污染的主体力量。而在工业企业中，重污染行业又是制造污染的主体，关于重污染行业的类型，环保部曾在 2010 年公布的《上市公司环境信息披露指南》（征求意见稿）中列举了16 类重污染行业，包括火电、钢铁、水泥、电解铝、煤炭、冶金、化工、石化、建材、造纸、酿造、制药、发酵、纺织、制革和采矿业。[1] 上述 16 种重污染行业在我国分布十分广泛，企业数量巨大。仅以东部沿海省份山东为例，属于重污染行业的企业就超过 20000 家（详见表 3 - 1）。有些污染企业在生产过程中不仅对环境造成了污染，而且首先对从业一线工人的健康造成重大损害或构成重大危险。

表 3 - 1　　　　　　山东省涉及重污染行业的企业数量统计[2]

行业	数量
造纸及纸制品业	超过 2000 家
化学原料及化学制品制造业	超过 2000 家
塑料制品业	超过 2000 家
纺织业	超过 2000 家
橡胶制造业	超过 2000 家
非金属矿物制品业	超过 2000 家
食品制造业	超过 2000 家
皮革、毛皮、羽绒及其制品业	超过 2000 家
黑色金属冶炼及压延加工业	约 1340 家
医药制造业	约 1334 家
石油加工及炼焦业	约 1077 家
煤炭开采业	约 963 家
有色金属冶炼及压延加工业	约 854 家
总计	超过 20000 家

---

① 环境保护部污染防治司：《上市公司环境信息披露指南》（征求意见稿），http：//wfs. mep. gov. cn/gywrfz/hbhc/zcfg/201009/t20100914_ 194483. htm，最后访问日期：2014 年 4 月 20 日。

② 数据来源：中企网 V2010，8671. net，8671 黄页信息查询网，最后访问日期：2014 年 4 月 21 日。

根据 2007 年的相关统计，中国各地经工商部门注册的中小企业总数已超过 430 万户。[①] 民间公布的企业污染信息，2004—2008 年，累计企业水污染 2.9 万条，大气污染 1.2 万条。仅 2008 年一年污染企业即达 1 万余条……[②]而这些污染企业的一线工人是首当其冲的受害者，他们在环境方面的弱势地位主要表现为就业选择的盲目性与无奈性、生产过程中缺乏必要的防护、污染损害严重和环境保险覆盖率低等方面。

1. 就业选择的盲目性与无奈性

从调研情况来看，污染企业一线工人的主体是农民工。改革开放以来，我国农民工的数量呈急剧上升的趋势。相关资料表明，1988 年，我国农民工的人数为 2000 万；1989—2002 年，农民工人数达到 1.2 亿；2002年至今，人数规模至少在 2.4 亿以上。[③] 这些农民工在脱离农业生产而转为从事工业生产的过程中，由于受教育程度、技术水平、信息渠道、环境意识以及经济压力等方面的局限，他们在选择工作时往往具有较大的盲目性和无奈性。

如某些地方的小煤窑从业者中几乎没有本地人，他们大部分来自河北、河南等地，对于煤窑的工作环境和危险状况不甚了解。一旦进入煤窑工作，发现工作的危险性时为时已晚，他们有的被部分限制了人身自由，很难轻易脱身，家人也难以知道他们的去处。[④] 再如在某地区的访谈中，某化工企业的工人知道自己从事的工作具有污染性，对身体健康会有损害，但由于家中缺钱，又缺乏其他的就业门路，所以仍然选择留在污染企业继续工作。[⑤] 问卷调查显示，约有 62.04% 的一线工人由于经济压力，即使在进厂前知道工作环境有风险，但还是会选择去工作。另有 24.07%的工人在进厂之前不知道工作环境的致病风险（详见图 3-1）。

---

① 李荣：《中国经注册中小企业总数已超 430 万户》，中国网，china. com. cn，最后访问日期：2013 年 12 月 7 日。

② 李楯：《所有人都是污染的受害者：我们的责任》，载自然之友、杨东平《中国环境发展报告》（2009），社会科学文献出版社 2009 年版，第 25 页。

③ 吕途：《中国新工人的迷失与崛起》，法律出版社 2013 年版，第 2 页。

④ 笔者在某产煤地区的访谈。访谈时间：2013 年 10 月；被访谈人：张某，男性，20 岁。

⑤ 笔者在某地区对一线工人的访谈。访谈时间：2013 年 10 月 3 日；被访谈人：李某，男性，43 岁。

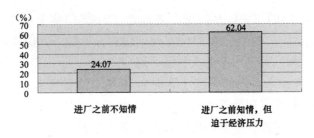

图 3-1 企业一线工人对工作环境风险性的知情情况①

2. 工作环境致病风险较大

在我们的问卷调查中，在亲属中有一线工人的 108 个样本中，选择亲属所在企业没有污染行为的比例为 13.89%，而选择企业有污染行为的比例高达 79.63%，其中 21.30% 的企业经常有污染行为，26.85% 的企业一直有污染行为，在这些企业中一直有污染行为并且很严重的比例为 5.56%。（详见图 3-2）。而如果企业本身在生产过程中存在环境污染的行为，尤其是比较严重的污染行为时，首当其冲受到危害的就是该企业的一线工人。但由于环境侵害后果显现的长期性和隐蔽性，工人往往在工作若干年后或者在离开企业之后才出现病症，很难得到应有的保护和赔偿，这是目前某些企业一线工人面临的主要问题，即在生产过程中暴露于环境危害之中，但却缺乏必要的保护措施和追责机制。

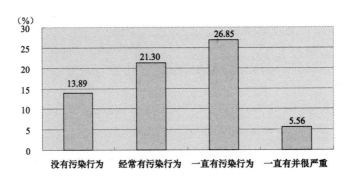

图 3-2 一线工人所在企业的环境污染行为比例②

---

① 资料来源：笔者 2014 年 3 月的调查问卷，详见附录三、附录四。

② 同上。

从污染企业内部从业人员的环境风险分布来看，一线工人是处于环境风险最前沿的群体，污染致病的可能性远大于技术人员或管理人员。根据笔者在山东省所做的问卷调查，样本中亲属在企业工作的有 144 份，其中企业一线工人 78 份，选择在工作中具有环境致病风险的比例为 82.1%；企业管理人员和技术人员 58 份，选择环境致病风险的比例为 56.9%（详见图 3 - 3）。在针对全国的问卷调查中，亲属中有一线工人的 108 个样本中，选择在工作中没有环境致病风险的比例为 12.04%，选择有较小风险的比例为 38.89%，选择有较大风险、很大风险或已经致病的比例为 20.37%，也即约有 1/5 的一线工人面临较大的工作环境致病风险（详见图 3 - 4）。

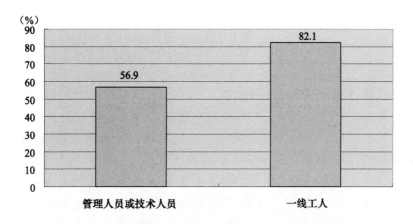

图 3 - 3 企业一线工人与管理人员环境致病风险比例对比①

① 资料来源：笔者 2014 年 1 月的调查问卷，详见附录一、附录二。

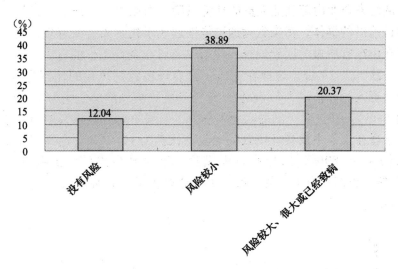

图3-4 企业一线工人工作环境致病风险的比例①

3. 生产过程中缺乏必要的防护

污染企业一线工人的工作环境往往比较恶劣，如采矿业面临的塌方、渗水、粉尘污染；金属加工业面临的空气污染、重金属急慢性中毒；化工业面临的污染物对皮肤和呼吸系统的损害等。在这种较为恶劣的生产环境中，企业有责任改善工作环境，并为工人提供必要的防护措施，但现实情况是不容乐观的。在调查中发现，企业对于防止工人受到污染侵害的重视程度还不够，仅有20.37%的企业很注意或较为注意预防工人的污染侵害，而较不注意或很不注意的比例为21.30%（详见图3-5）。

---

① 资料来源：笔者2014年3月的调查问卷，详见附录三、附录四。

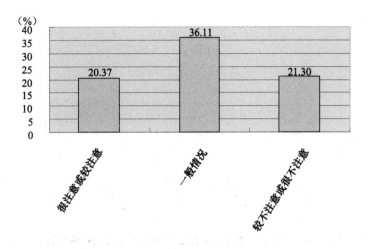

图 3 – 5　企业注意避免工人受到工作环境污染侵害的比例①

　　笔者在某乡镇企业调研时发现，工人在进行一天的生产活动之后，全身染上颜色，必须用漂洗液才能洗净，身上常年有一股味道，而工厂配备的防护措施仅是口罩，基本起不到防护作用。② 另外，著名学者梁鸿也曾披露过山东青岛某外资电镀厂恶劣的生产环境：电镀车间的空气中弥漫着令人窒息的金属的质感，能见度极差，操作池中装有硫酸、氰化铜等各种氰化物，但现场工作的工人既不戴口罩，也不戴手套，缺乏必要的防护措施。③ 出现这种情况一方面是企业为了节约成本而减少防护设施的配备，另一方面也与工人自身防护意识的薄弱有关。工人中很注意预防工作环境污染所致疾病的比例仅为 12.04%，较不注意预防的比例为 19.44%，很不注意预防的比例为 7.41%（详见图 3 – 6）。

---

① 资料来源：笔者 2014 年 3 月的调查问卷，详见附录三、附录四。
② 笔者在某贫困地区乡镇企业的调研所见。时间：2012 年 5 月 3 日。
③ 梁鸿：《出梁庄记》，花城出版社 2013 年版，第 252—253 页。

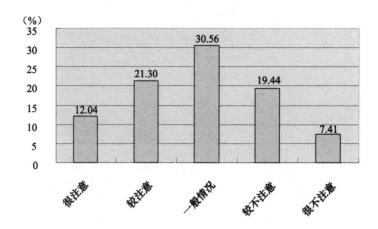

图3－6　一线工人注意预防因工作环境污染导致疾病的比例①

4. 污染损害严重

污染企业由于多种污染物的存在，对于一线工人的健康具有严重影响，这种影响根据严重程度可以对工人身体造成慢性损害、污染致病以至于猝死等不同情况。

首先来看慢性损害。由于长期接触某些含毒或致污物质，工人在健康方面受到损害是不争的事实。如有的工人出现皮肤过敏、体质下降等问题；有的不仅自己身上有异味，连家中也产生了异味等。但这类问题由于是一个长期积累的过程，是相对隐蔽和轻微的，较难引起各方面的注意，因而很难追究污染企业的责任。

其次是污染致病。当污染损害达到一定程度和强度之后，就会损害某些器官，从而造成疾病。关于工矿企业一线工人以及其他劳动者的健康保护问题，我国的法律有过一些明确的规定。如我国1972年规定了14种职业病，1987年又增加到99种，并且制定了《中华人民共和国职业病防治法》等。一般说来，污染企业一线工人因环境因素导致的疾病主要有尘肺病、矽肺病、各种重金属超标或重金属中毒等。近几年，一线工人因污染致病的消息时见报端，从2009年孙海超开胸验肺，到2010年贵州省一次性检出195位矽肺病患者，再到2011年常州蓄电池厂数十名工人血铅超

---

① 资料来源：笔者2014年3月的调查问卷，详见附录三、附录四。

标，以及 2012 年上海天光厂 8 名工人镉超标等，都与工人在污染企业接触有毒有害物质有关。卫生部 2000 年关于全国职业病情况的报告表明：2000 年我国共报告各类职业病 11718 例，其中包括矽肺病在内的尘肺病占 77.7%，慢性职业中毒占 10.2%，急性职业中毒占 6.7%，全年共报告尘肺病新发病例 558624 例，死亡 2725 例。截至 2000 年年底，全国累计检出尘肺病 559624 例，累计死亡 133226 例，病死率为 23.85%。① 从问卷调查的样本情况来看，由于工作环境原因而导致的疾病中，排在前三位的分别是尘肺病、皮肤过敏和重金属超标（详见图 3 - 7）。

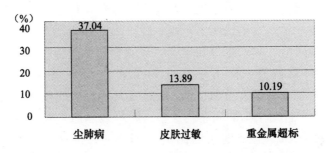

图 3 - 7 　企业一线工人由于工作环境污染容易导致的疾病②

此外，除了上述慢性损害、污染致病情况之外，在污染企业一线工人中甚至存在某些因毒猝死的情况。梁鸿在对外资企业工人的访谈中曾涉及这一问题，根据她的转述，有些电镀厂的工人七窍出血而死，高度怀疑与中毒有关；有的工人下班后喝酒造成毒性加剧而引起猝死；还有的在看电视过程中、上班途中猝死等。③ 另外，在一些环境群体性事件中，有些也是由于一线工人的突然死亡而引起的连锁反应。

5. 污染致病后医疗救助不足

一线工人由于长期工作在粉尘、有毒有害物质的环境中，对健康造成损害是必然的，并且有些疾病发生之后很难治愈，需要长期住院治疗，所需的医疗费用也是较多的。但是，一线工人在污染致病之后，得到的医疗救助明显不足，主要表现为医药费个人承担的比例较大等方面。如

① 于建嵘：《安源实录》，江苏人民出版社 2011 年版，第 138 页。
② 资料来源：笔者 2014 年 3 月的调查问卷，详见附录三、附录四。
③ 梁鸿：《出梁庄记》，花城出版社 2013 年版，第 269 页。

根据于建嵘在安源煤矿的调研资料，工人在患矽肺病之后，虽然被认定为职业病，根据政策规定是免费治疗，但在实际治疗过程中，真正对治疗疾病有作用的药还是需要自己购买，有些工人自己支付的医药费甚至占到了工资的一半左右。[①] 医疗救助不足的原因与企业和国家的财政经费不足有关，而为这些重污染行业的一些个人购买环境保险是一个较为可行的缓解方法。但从调研中发现，目前一些工人环境保险的覆盖率严重不足。

6. 环境保险覆盖率低

根据相关调查，企业为一线工人购买环境责任保险的比例远远低于技术人员或管理人员，这更说明了企业一线工人的环境弱势地位，他们承担着更大的环境风险，却未能得到相应的环境责任保险保护。根据笔者在山东省所做的问卷调查，样本中企业为工人购买环境保险的比例仅为17.9%；而为企业管理人员和技术人员购买环境保险的比例为20.7%（详见图3-8）。在针对全国的问卷调查中，明确表示企业已经为工人购买保险的比例为18.5%，没有购买的比例为27.8%，选择不清楚的样本比例为42.6%（详见图3-9），可见，虽然我国若干省区已经出台了环境责任保险的指导意见，但它在民众中的普及率还较低。

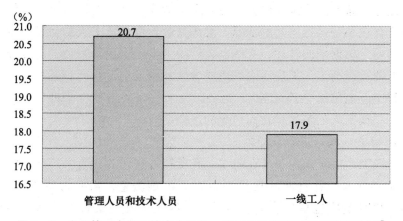

图3-8 企业管理人员和技术人员及一线工人环境责任保险覆盖比例[②]

---

① 于建嵘：《安源实录》，江苏人民出版社2011年版，第133—137页。

② 资料来源：笔者2014年1月的调查问卷，详见附录一、附录二。

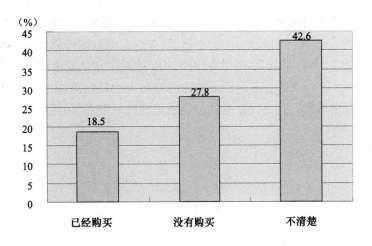

图3-9 企业为一线工人购买环境责任保险的比例①

　　与其他类型的环境弱势群体相比，一线工人遭受的环境危害是最为严重的，但从目前的群体性事件来看，以工人为主体的群体性事件的主要诉求却并不是工作环境的改善，而是工资待遇的及时兑现等更为切近的经济目标，一是经济目标最容易达成共识，团结各方面力量；二是在经济状况不佳的情况下，工人自身还没有将生产环境的安全作为重要的考虑因素；三是污染危害的显现需要一定的时间，也具有明显的个体性特征，不太容易上升为集体诉求。从某种意义上来说，工人对自身环境安全的忽略更说明了他们在环境意识方面的薄弱，这也是导致他们弱势地位的原因之一。

二　污染企业周边居民

　　污染企业一线工人是最早接触有毒有害物质的群体，污染的后果一般首先在他们身上显现，随后再向外围扩展，对污染企业周边的居民产生影响。从山东省的调查问卷来看，不同地域拥有工矿企业或污染源的比例分别为：大中型城市郊区为59%，县城及周边区域为54.8%，距城市较远的农村地区为57%，分布比例从高到低的顺序为大中型城市郊区、边远农村地区、县城及周边地区、大中型城市中心（详见图3-10）。从全国的

---

① 资料来源：笔者2014年3月的调查问卷，详见附录三、附录四。

情况来看，在村庄或社区附近有工矿企业或污染源的区域比例从高到低的顺序分别为：县城（县级市）郊区48.21%、大中型城市郊区45.90%、县城（县级市）中心42.62%、农村地区41.35%、大中型城市中心27.19%（详见图3-11）。工矿企业生产活动或污染行为的影响范围十分广泛，受影响民众的数量众多，这一问题是我国当前面临的一个重要问题。

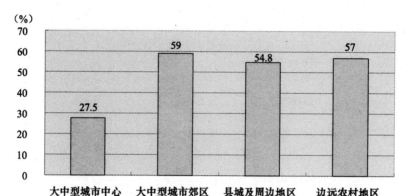

图3-10 山东省各区域拥有工矿企业或污染源的比例①

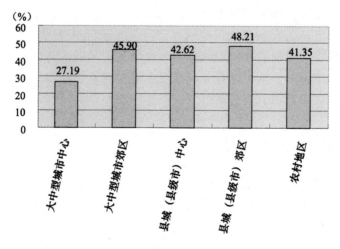

图3-11 我国各区域拥有工矿企业或污染源的比例②

---

① 资料来源：笔者2014年1月的调查问卷，详见附录一、附录二。
② 资料来源：笔者2014年1月的调查问卷，详见附录三、附录四。

在各类工矿企业或其他污染源周边居住的居民主要包括城市低收入者、进城务工人员、刚踏入社会的高校毕业生以及农村居民等。这些群体聚居在污染企业周边一般有两种原因，一是污染企业周边较为低廉的地价和房价对于低收入群体具有"吸引力"，使得他们"主动"选择在污染企业周边居住；二是外来企业入驻本地社区，引起环境恶化之后，富裕阶层选择搬迁，而贫困阶层则没有迁移能力，只能留在污染企业周边。一般情况下，污染企业周边居民的经济收入水平较低，没有能力选择生活环境，更无力应对因污染而带来的健康损害。调研发现，家庭人均月收入在1000元以下的低收入群体周边有污染企业或污染源的比例为41.9%，而家庭人均月收入在10000元以上的高收入群体周边有污染企业或污染源的比例则为27.5%（详见图3-12）。可见，环境弱势群体并不仅仅包括农村地区，居住在县城或大中型城市郊区的居民有更大的可能处于工矿企业或其他污染源周边，所以，应将他们也列入环境弱势群体的范围。

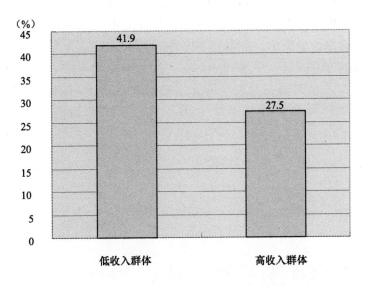

图3-12 不同收入群体周边污染企业或污染源的比例[①]

---

① 资料来源：笔者2014年3月的调查问卷，详见附录三、附录四。

"企民矛盾"或"矿群矛盾"是目前我国环境群体性事件的主要诱因之一。相关数据表明,环境冲突高发地区与污染密集型产业的分布呈重合之势。如从整体情况来看,1997—2007 年,我国的污染密集型产业主要分布在东部地区,[①] 与之紧密相关的是,1999 年,全国共发生环境纠纷 25 万多件,而东部的广东、江苏、福建和山东四省分别以 35443 件、27480 件、24941 件和 24658 件居前四位。[②] 可见,环境冲突的发生与污染企业高度相关,污染企业周边民众的权利受到侵害是其主要原因。污染企业对周边居民的不良影响主要表现在对居民良好生活环境的破坏、对居民正常生产生活秩序的影响、对居民财产物品的影响以及对居民生命健康的影响。

1. 居民良好生活环境受到破坏

在我国农村地区,环境污染的形式主要有点源污染和面源污染两种。面源污染主要来自农民的生产、生活影响;而点源污染则主要是由于污染企业的影响。当前社区或村庄环境变差的主要诱因就是污染企业的进驻,污染企业对于本地区环境的破坏是有目共睹的。在山东省环境状况的问卷调查中,选择所在村庄或社区环境在变差的比例为 27.4%,而在环境变差的原因分析中,有高达 50% 的样本列出了工厂增多、企业污染等原因(详见图 3 – 13、图 3 – 14)。在全国的样本中,有 25.25% 的比例将工业企业的增多列为环境变差的因素之一。[③] 在我们的实地调研中,有些居民反映由于某些企业的入驻,整个县城的空气都出现了异味。[④]

---

① 刘巧玲、王奇、李鹏:《我国污染密集型产业及其区域分布变化趋势》,《生态经济》2012 年第 1 期。
② 王灿发、许可祝:《中国环境纠纷的处理与公众监督环境执法》,《环境保护》2002 年第 5 期。
③ 详见附录四,第二、1.2 题的统计结果。
④ 笔者在东部某县城的访谈。访谈时间:2013 年 11 月 19 日;被访谈人:赵某,女性,44 岁。

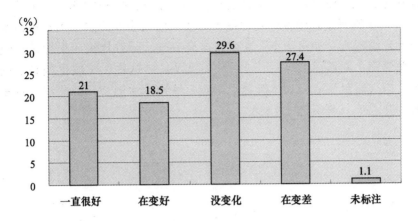

图3-13 所在村庄（社区）环境的变化情况①

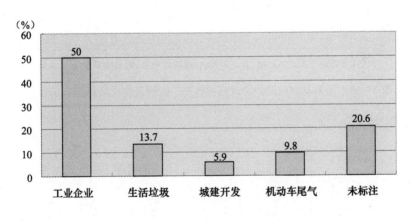

图3-14 环境变差的原因②

2. 居民正常生产、生活秩序受影响

如果说企业一线工人的基本权益受损而索赔困难的话，那么居住在污染企业周边的民众情况就更为复杂和尴尬。污染企业的固体废弃物、废水、废气以及噪声等污染对周边居民的生产、生活具有一定影响。根据在山东省的问卷调查，污染企业周边居民选择污染单位对自身生活没有影响

① 资料来源：笔者2014年1月的调查问卷，详见附录一、附录二。
② 同上。

的样本比例仅为 5.3%, 而选择有一定影响的比例高达 53.7% (详见图 3 - 15)。在调研过程中我们发现很多居住在污染企业周边的民众都遭受着企业的环境侵害, 如由于企业在夜间排放废气, 导致周边居民即使在夏季也不敢开窗, 对居民的生活产生了一定影响。[1] 这些影响按比例高低的顺序为: 空气质量下降, 身体健康受影响, 饮用水水质下降, 庄稼、牲畜或养殖物死亡等 (详见图 3 - 16)。

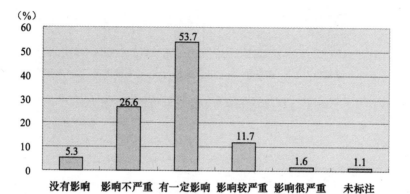

图 3 - 15　污染单位或污染源对居民生产、生活及健康的影响 (山东)[2]

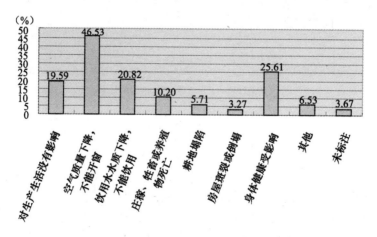

图 3 - 16　污染单位或污染源对居民生产、生活及健康的影响 (全国)[3]

---

① 笔者对某企业工作人员的访谈。访谈时间: 2013 年 12 月 17 日; 被访谈人: 李某, 女性, 41 岁。
② 资料来源: 笔者 2014 年 1 月的调查问卷, 详见附录一、附录二。
③ 资料来源: 笔者 2014 年 3 月的调查问卷, 详见附录三、附录四。

3. 居民的财产物品遭受损失

污染企业对周边环境要素长期的侵蚀，导致空气、水、土壤等环境要素的性状发生改变，使得依赖于环境生产和生活的周边居民遭受损失。这些损失可以大致分为两个方面，一种情况是对居民的土地、庄稼或养殖物等生产资料造成不良影响。如浙江东阳竹溪工业园区建成投产之后，附近几个村庄就陆续发生了多起蔬菜和庄稼大面积死亡的事件，"经东阳市农技部门认定，大多不是虫害所致，而且受损的农作物普遍氟含量超标"[1]。再如 2010 年的年度重大污染事件之一——紫金矿业污水泄漏事件，致使村民所养鱼类大量死亡、耕牛暴毙、良田被毁等。另外一种情况是由于工矿企业的生产造成居民房屋、家具等生活资料的损失或破坏，如煤矿生产在作业过程中对产生的地面塌陷、房屋斑裂甚至倒塌等情况。这类情况在我国的主要产煤区山西、内蒙古和山东的部分地区较为常见，矿群矛盾也比较普遍。由于矿群矛盾，这些地区都曾发生过较大规模的群体性事件。2003 年山西省曾对煤矿开采导致的生态问题进行调查，结果显示："全省九大国有重点煤矿形成的采煤沉陷区面积 1000 多平方公里，受损居民 17 万余户，医院 71 所，学校 312 所，涉及近 60 万人。"[2]

4. 居民的生命健康受到威胁

污染企业对周边居民生命健康的威胁分为突发性和累积性两种形式，前一种形式由于事件的突然性和剧烈性，受到的关注程度较高，后一种形式则由于后果显现的缓慢性而不易被觉察。环保部副部长张力曾指出："目前我国环境污染仍未得到遏制，重大污染事件频发，环境恶化严重威胁百姓安全。2010 年 1—11 月环保部共接报并妥善处置突发环境事件 149起，受理举报环境污染事件 1469 件。"[3] 我国当前环境突发性事件的主要肇事者是污染企业，而每次环境突发性事件中周边居民都遭受了巨大的损

① 戴玉达：《污染始于规划：叩问浙江东阳画水河事件》，http://dycj.ynet.com/3.1/0505/10/ 940958.html，最后访问日期：2014 年 5 月 28 日。

② 张玉林：《中国的环境战争与农村社会——以山西省为中心》，载梁治平编《转型期的社会公正问题与前景》，生活·读书·新知三联书店 2010 年版，第 294—333 页。

③ 环保部：《2010 年中国突发环境态势高发》，中国新闻网，最后访问日期：2013 年 12 月 7 日。

失，有的甚至危及生命。如发生在 2010 年 7 月的南京丙烯泄漏爆炸事件导致 13 人死亡、120 人住院治疗、2700 多户受损的严重后果。而由于污染企业污染物累积导致居民健康受损的情况也日益增多。如 2009 年，在湖南省浏阳市镇头镇发生了两起村民异常死亡事件，其死因都是体内镉含量严重超标，追其原因可以归为自 2003 年开始投入生产的长沙湘和化工厂。另外，仅 2009—2010 年两年，就在陕西凤翔、湖南武冈、河南济源、昆明东川、福建上杭、江苏大丰、四川隆昌、湖南嘉禾、甘肃瓜州、湖北崇阳、安徽怀宁等地相继发生 14 起血铅事件，受害人员已超过 3500 人，其中除 6 名系企业职工外，其余全部是居住在污染企业周边的儿童。① 再如，某企业长期通过地下管道违规排放废水，致使方圆几十里的地下水遭到破坏，导致肾病高发等。② 所有这些，都反映了当前污染企业对周边居民生命健康造成危害的严重事实，这一问题也成为影响社会稳定的重大问题之一。

与企业一线工人相比，污染企业周边居民承担的环境风险似乎要小一些，但从社会公平的角度来看，污染企业周边居民并未从企业的污染中获得任何好处，却平白遭受企业环境污染造成的损害，是严重的社会不公。所以，与企业一线工人的知情、自愿和获得某些利益相比，污染企业周边民众处于更加不公平的境况，如果处理不好，很容易引发环境群体性事件。因此，如何妥善处理污染企业与周边民众的关系，是当前一个极为重大的问题，关系到社会秩序的稳定和政府管理的长治久安。从问卷情况来看，在企业与周边居民处于紧张关系的选项中，乡镇企业及小作坊的比例远远高于外资企业及国有企业的比例（详见图 3 - 17），所以，加强对乡镇企业及小作坊的监管是目前的当务之急。

---

① 该数据系作者根据相关资料整理而成，主要资料来源：自然之友、杨东平：《环境绿皮书》(2010、2011)，社会科学文献出版社 2010 年、2011 年版。
② 笔者对某企业周边居民的访谈。访谈时间：2014 年 1 月 3 日；被访谈人：张某，男性，19 岁。

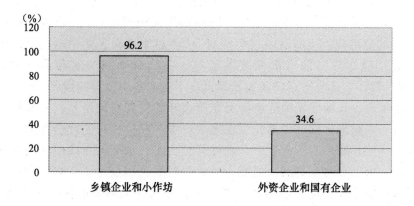

图 3 - 17　与周边居民处于紧张关系的企业类型比例①

三　农村癌症高发区域居民

"癌症村"是近年来国内外热议的一个问题，根据对《人民日报》《中国青年报》等权威媒体 2002—2009 年报道的不完全统计，我国已出现 65 个"癌症村"，分布在江苏、江西、四川、河南、广东、湖北、河北、安徽、湖南、海南、陕西、浙江、山东、内蒙古、云南、天津和重庆 17 个省、自治区及直辖市。② 而最近的研究表明，中国癌症村总数已超过 247 个。③ 这些村庄主要分布在污染厂矿周围和河流沿岸，主要病种是食道癌、胃癌等消化系统癌症，绝大多数"癌症村"的形成都与水污染密切相关。环保部于 2013 年 2 月发布的《化学品环境风险防控"十二五"规划》指出：我国个别地区出现了"癌症村"等严重的健康和社会问题。这是我国官方首次使用"癌症村"这一术语，但从学理层面来看，学界并未对"癌症村"达成统一的认定标准，"癌症村"的说法只是一种相对感性的通俗性指代，所以在本书中我们使用"农村癌症高发区域"这一相对理性的术语来表述农村地区的癌患情况。所谓"农村癌症高发区域"是指近些年癌

---

① 资料来源：笔者 2014 年 1 月的调查问卷，详见附录一、附录二。

② 蒋高明：《中国生态环境危急》，海南出版社 2011 年版，第 21—25 页。

③ 孙月飞：《中国癌症村的地理分布》，http://blog. sina. com. cn/zjhn1122，最后访问日期：2013 年 12 月 7 日。

症患病率呈增长势头的地区，它在内涵上类似于人们常用的"癌症村"，在外延上二者有很大的重合之处。但根据相关调研推算，"农村癌症高发区域"的范围应大于所谓的"癌症村"，不过本书在表述中也需要借助于已有的"癌症村"的术语和相关研究。在针对全国的问卷调查中，有12.79％的样本认为所在村庄或社区出现了癌症集中出现的情况。①

近年来，我国居民癌症患病率在城市和农村都有所增长，但相对于城市而言，农村地区的环境恶化程度更为严重，农村地区的社会保障水平和医疗水平都较城市有很大差距，农村居民的收入水平也与城市居民存在较大差距，因而在对疾病的应对能力方面农村居民明显处于劣势，所以，本书将农村癌症高发地区的居民单列出来，作为环境弱势群体的一个类别。农村癌症高发区域居民面临的问题主要包括居住环境的恶化、安全饮用水的缺乏、患病不能得到及时救治等。

1. 居住环境的恶化

我国环境形势总体退化严重，而农村地区尤甚。环保部2010年环境质量公报显示：农村环境总体形势仍十分严峻，突出表现为农业面源污染形势严峻，工矿污染凸显，生态退化尚未得到有效遏制。② 农村环境恶化的原因既有工矿企业违规排放造成的污染，也有农民生产、生活方式造成的污染，还与农村地区整体缺乏环境规划和环境治理有关。

在对农村地区调研的过程中发现，很多农村地区建有农药厂、化工厂、冶炼厂等重污染企业，由于环境监管的薄弱，这些企业违规排放的行为较多，主要污染途径是废水、废气不经处理直接排放，造成村庄生态环境的整体恶化。问卷样本显示：在癌症集中出现的村庄里，周边有污染企业的比例为44.87％，这是造成农民居住环境恶化的重要因素。③ 如山东某镇现有5家以上大型企业，投资1亿—10亿元的有3个，10亿元以上的有2个，企业的进驻为当地经济带来了繁荣，但随之而来的环境污染则引发了当地村民肺癌发病率的提高。④

在调研的其他一些村庄中，虽然没有明显的化工企业等污染源，但由于对环境缺乏必要的规划和管理，也出现了环境的退化或恶化。以我们调

---

① 详见附录四，第二、2题的统计结果。
② 中华人民共和国环境保护部：《中国环境状况公报》(2010)。
③ 详见附录四，第二、2.2题的统计结果。
④ 资料来源：笔者于2013年9月在沿海某镇的调研资料。

研的山东省某村庄为例，该村地处丘陵地带，林果业是其支柱产业。此外，村里还有三个冷藏厂，一个废品收购厂，村外还有许多小型养猪场。据村民李某介绍，果园一年要喷洒将近十遍农药，其中大部分集中在夏季，雨水多要多喷药，要打三遍波尔多液，其余为高强度杀菌药；果园一年要施肥三遍左右，春季施肥最多，丰果期还要施肥，一亩果园一年要用化肥500公斤左右。这些农药和化肥对地表水和地下水均造成了污染。此外，冷藏厂的废水、养猪场的污水等也直接排入河中，河面垃圾漂浮，河流水质极为恶劣，环境质量严重下降。①

2. 安全饮用水及灌溉用水的缺乏

在农村环境问题中，饮用水的安全是关系到群众健康的最核心问题。但我国近年来全国地表水和地下水质量状况均不容乐观。2009年，408个地表水国控监测断面中，Ⅳ—Ⅴ类和劣Ⅴ类水质的断面比例分别为24.3%和18.4%。② 2010年，全国地下水水质为较差—极差级的监测点有2351个，占全部监测点的57.2%。③ 在地表水与地下水均存在污染的情况下，我国对农村的饮用水安全监测远不如城市，缺乏必要的水质情况监测。我国农村现有3亿多人喝不上干净的水，这些地区癌症发病率有所上升。

由于所在地区的水质遭到破坏，居民的饮水安全得不到保障，民众自发选择以商品水来代替自来水，但庄稼的灌溉却还是需要用已经被污染的水源，这造成粮食中有毒物质的存留，有毒物质通过粮食、蔬菜等进入人体，长期积聚导致癌症高发。医学界已有相关研究表明，我国的恶性肿瘤发病率与流域的水质污染具有因果关系。④ 在本次问卷调查中，我们也发现在山东省的孝妇河流域和马颊河流域的样本中，恶性肿瘤高发村庄（社区）与样本流域总数的比例分别达到50%和46.7%（详见图3－18），这也与相关媒体对这两个区域的相关报道吻合。

---

① 资料来源：笔者于2013年9月在沿海某村的调研资料。
② 中华人民共和国环境保护部：《中国环境状况公报》（2009）。
③ 中华人民共和国环境保护部：《中国环境状况公报》（2010）。
④ 参见杨功焕、庄大方《淮河流域水环境与消化道肿瘤死亡图集》，中国地图出版社2013年版。

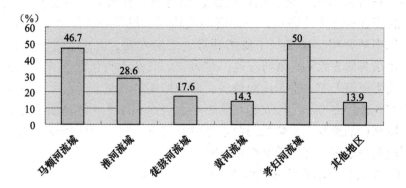

图3-18　山东省患有恶性肿瘤的村庄与样本流域总数的比例①

3. 患病不能得到及时救助

相关统计资料表明：自 2006 年起，恶性肿瘤已经成为我国农村地区导致死亡的首要因素（详见表 3-2）。调研数据也表明某些地区出现了恶性肿瘤集中出现的情况，其中排在前三位的病种是肺癌、肝癌和胃癌；调研中选择近五年恶性肿瘤患病率在增长的样本比例为 42.31%（详见图3-19、图 3-20）。

表3-2　　　　　　　　全国农村死亡原因病种统计②

年份	标化死亡率（1/10 万）	占死亡总数的百分比
2006	—	25.14%
2007	—	24.80%
2008	156.73	25.39%
2009	187.05	24.26%
2010	169.53	23.11%
2011	196.39	23.62%

① 资料来源：笔者 2014 年 1 月的调查问卷，详见附录一、附录二。
② 资料来源：《中国统计年鉴》（2007、2008、2009、2010、2011、2012）。

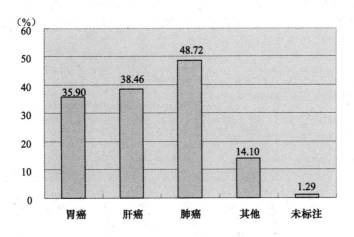

图 3 – 19　恶性肿瘤病种分布情况①

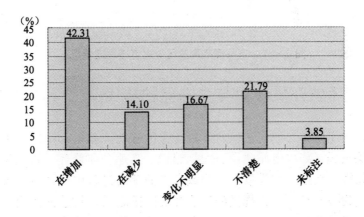

图 3 – 20　所在村庄（社区）近五年恶性肿瘤患病情况②

　　针对农村地区的癌症患者，我国的社会保障政策已作出调整，对于部分癌症种类予以减免医疗费用等补助措施，这一举措对于改善癌患群众的情况具有重要作用。但调研数据表明，仍有 16.67% 的癌患高发区域的居民并没有得到任何救助，而作为主要责任者的污染企业给过赔偿的比例仅为6.41% (详见图3-21)。这是环境非正义的一种表现，需要通过制度安排予以纠偏，让污染企业承担起更多的救助责任，以维护社会正义和环境正义。

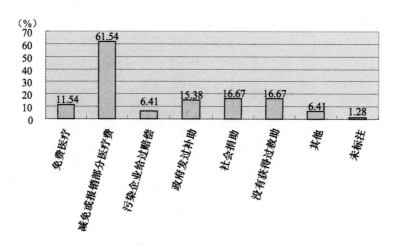

图3-21　农村癌症高发区域患者被救助情况①

四　环境开发移民与生态保护移民

随着现代化和工业化进程的开启，我国各地区基本都经历了大规模的环境开发过程，如水电站建设、大坝建设、高速公路修建、机场建设、城镇化建设等。在这一规模浩大、领域宽广的开发过程中，产生了大量的开发移民。我国在经历了大规模的环境开发阶段之后，目前又开启了加强生态环境保护的脚步，但为了保护生态脆弱地区的生态平衡，又产生了若干生态移民。在这一移民大潮中，根据不完全统计，仅万人以上的移民就可以举出如下例证（详见表3-3）。另据中水移民开发中心的网站信息显示，该中心自2002年成立以来，"共完成50多个水库移民相关课题研究，21个省（自治区、直辖市）93座水库移民遗留问题处理规划的咨询，20多个移民工程项目的监理监测……"② 我国环境开发移民，尤其是水库建

---

① 资料来源：笔者2014年3月的调查问卷，详见附录三、附录四。
② 百度百科：中水移民开发中心网站，http://baike.baidu.com/view/8789087.htm，最后访问日期：2014年5月17日。

设移民的数量之多由此可见一斑。这些数量众多的环境开发与生态保护移民在社会整体利益面前，被迫离开自己祖辈生活的家园，放弃赖以生存的土地等生产资料，迁移到其他地区进行生产、生活。在移民过程中，由于决策程序的精英化和某些利益集团的资本化运作，出现了大量的移民利益受损的情况，也由此产生了大量的环境群体性事件，如四川汉源事件、贵州构皮滩水电事件等（关于群体性事件及其诱发因素我们将在第四章予以分析，在此不再赘述）。

表3-3　　　近年来我国万人以上的开发移民和生态移民相关信息①

迁移原因	移民数量	起讫时间	涉及区域
三峡工程	140万人	1992—2010年	重庆、湖北等地
瀑布沟水电站	10万人	2002年起	四川汉源
构皮滩水电站	近万人	2002—2008年	贵州瓮安
三江源生态保护	5万多人	2004年起	青海省

　　近年来，我国各级政府非常重视移民的安置工作，成立了专门的移民管理机构，并出台了相关法律规定，移民安置工作有了很大改进。调查数据表明，移民对迁移后生产、生活的满意度较高，约有55.93%的移民村庄或社区认为迁移后的生活很好或较好，认为较差的比例为5.08%（详见图3-22）。迁移后的好处按照所选比例高低分别是迁移后生活更便利了、政府提供的补助缓解了原先的贫困、拥有更多的就业机会等（详见图3-23）。但相关研究表明，我们在各类移民的安置方面仍存在不足之处。无论是环境开发移民还是生态保护移民，在相关政策落实不到位的情况下，都极易受到不公正的待遇，切身利益会不同程度地被忽略或侵害。概括来说，环境开发移民和生态保护移民的弱势地位主要表现在以下几个方面：一是对移民个人合法权益的忽视；二是在补偿标准和经费发放等方面的问题；三是移入地区的社会建设步伐滞后；四是移民的可持续生活能力没有

---

① 本表根据文献资料和网络信息整理而成。主要参考资料：（1）向晶方：《百万移民铸就壮丽丰碑》，《三峡日报》2010年10月27日；（2）王赐江：《冲突与治理：中国群体性事件考察分析》，人民出版社2013年版。

受到重视等。

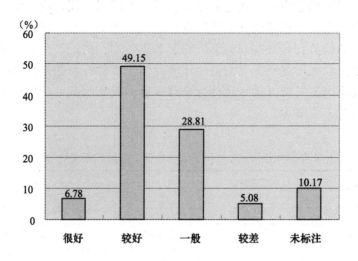

图3-22　移民村庄或社区迁移后的满意度①

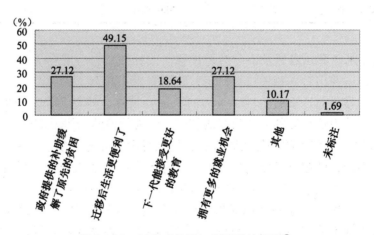

图3-23　村庄（社区）迁移后的好处②

1. 对移民个人合法权益的忽视

改革开放以来，我国因为环境开发产生的移民数量和速度都在增长，

---

① 资料来源：笔者2014年3月的调查问卷，详见附录三、附录四。
② 同上。

为了应对这一形势，我国成立了从国务院到各级地方机构的移民管理机构，负责组织和协调移民的相关事宜。2006年7月，我国又颁布了中华人民共和国第471号国务院令——《大中型水利水电工程建设征地补偿和移民安置条例》，对我国的水利移民工作加以规范。可以说，各地移民局的成立以及相关法令政策的出台，有效改善了我国在移民安置方面的整体氛围，对于保障移民的合法权益具有积极的意义。但由于长期以来的积习和其他多种原因，我国环境开发移民的个人权益经常处于被忽视或被侵害的境地。

一是集体主义的思维取向倾向于牺牲个体利益来成全集体利益。长期以来，我们在制定各项社会发展政策时，主要的思维取向是集体主义取向，坚持集体利益高于个人利益，个体应该为集体利益做出牺牲等。集体主义取向的政策路径无疑是必要的，也是合理的，但在这一集体主义取向之下，我们往往较难把握集体利益和个人利益的协调和平衡，甚至有时出现以集体利益为名侵害个人利益的局面。

二是现有的政策规定客观上容易造成对移民个体权益的忽视。众所周知，权利主体的缺席或不在场是导致相关主体权利被忽略的重要原因，在移民安置过程中，如果移民不能充分参与到决策的制定过程中，他们的合法权益被忽视就是十分可能的。我国第471号国务院令第六条至第九条对移民安置大纲的编制做出了若干规定，如该命令规定移民安置大纲由项目法人编制，然后报经政府管理机构审批，但对于移民安置大纲听取移民的意见只做了原则性规定，并没有严格的程序性规定，这容易造成移民在迁移过程中的失语，形成对移民个人权益的忽略。

三是某些强势集团对移民个体权益的侵害。从我国现有的社会环境来看，政府和项目法人在移民安置过程中担负着领导和组织的责任，发挥着主导的作用。某些项目法人从自身利益的角度出发，千方百计压低补偿标准，由此造成对移民个人利益的损害；更有甚者，某些利益集团打着社会整体利益的旗号对移民的合法权益进行侵害，对民众的私有财产进行隐蔽性掠夺，造成移民强烈的被剥夺感，导致社会戾气的滋生。

2. 补偿标准和经费发放等方面的问题

在我国各类移民中，补偿标准的确立和补偿经费的发放过程中产生过一些问题，导致移民的不满情绪和反抗行为，有的甚至造成了严重的后果。这方面的问题主要表现为补偿标准过低和补偿费被挪用等。

首先看补偿标准过低的情况。在项目开发征地的过程中，广大移民基本没有权利参与到补偿标准的制定过程中，补偿标准由项目法人单方面决定，根据资本逻辑的一般规律，补偿标准被提高的可能性几乎不存在，而补偿标准被降低的现象几乎是必然的，这也屡屡被众多的补偿实例所证实。虽然国务院第471号令对大中型水利水电工程的征地补偿标准做出了明确规定，给出了土地补偿费和安置补助费之和为该耕地被征收前三年平均年产值的16倍的标准，但这一标准在实践中并未被贯彻执行。如在四川汉源的瀑布沟水电项目移民过程中，村民认为官方给出的补偿标准是"苛刻"的：项目方对农民果树的一次性补偿总额连果树一年的收入都达不到，房屋补偿费用也被低估，每平方米要亏几十元等。①

其次，在有些类型的移民过程中，上级政府或企业方所给的补偿经费有时被基层政府扣发或挪用，造成对移民利益的侵害。如在某产煤区村庄，因为压煤拆迁导致村庄的整体迁移，但基层政府并未将迁移补偿经费及时、足额发放到群众手中，并且对于群众的不满意见进行压制，最终导致了村民集体上访、冲击政府的群体性事件。②

3. 迁入地区的社会建设存在不足

我国近年来在移民安置方面做出了很多努力，对于移民迁入社区的基本规划、房屋建造、道路设施、供水供电等进行若干规定，在较大程度上保障了移民的"安居"问题。但根据某些调研，有些移民对于迁入地区的社会建设不甚满意，突出的问题表现在以下方面：一是住房质量差，二是公共服务不完善，三是文化传统的断裂，等等。

首先，住房质量差的问题是移民迁移后反映较多的问题。如在靳薇等人的调研中，41.4%的三江源生态移民对移入社区的住房不太满意，主要原因是住房质量差、面积小、裂缝和漏雨等，有的房屋甚至成为危房。③在我们的问卷调研中，选择新建房屋质量较差的比例为27.12%。④

其次，社区公共服务不完善的问题。新移入社区本身就因为是新建社区而较易产生公共服务方面的问题，如果承建商不注意该项工作的加强，就很容易出现公共服务不到位的情况，如医院和休闲娱乐场所的稀少、配

---

① 王赐江：《冲突与治理：中国群体性事件考察分析》，人民出版社2013年版，第99页。
② 笔者在山东某地区的访谈资料。访谈时间：2012年12月；被访谈人：王某，男性，36岁。
③ 靳薇：《三江源生态移民面临的重建家园问题》，《学习时报》2013年12月9日，第4版。
④ 详见笔者2014年3月的调查问卷，详见附录四、二、6.4。

套设施的缺乏等。

最后，迁入社区在文化传统上的断裂。对于广大移民而言，离开生活多年的故土，远离原来的亲人、朋友，本身就造成了生活节奏的破坏和社会关系的断裂，很容易产生不适应新生活的低落情绪，需要社会各界给予格外的温暖和关注。但我们在移民安置过程中，还是延续了粗放型线路，对于硬件设施的建设给予关注，而对于移民的心理需求和文化需求没有给予足够重视，由此造成移民精神生活的匮乏，问卷样本中有22.03%的比例认为迁移后面临的困难之一是原有风俗习惯不能保留。[1] 而原有风俗习惯的消失、文化传统的断裂等不利于社会的稳定和融合。

4. 移民的可持续生活能力没有受到足够重视

无论是环境开发、生态保护还是矿业开采等产生的移民，基本都是边远地区或农村地区的农民，他们在受教育程度、经济水平和抵御风险等方面本身就处于弱势地位，而居住地的迁移和生产方式的改变更加剧了他们的弱势地位。

首先，移民原本的就业能力就比较欠缺。我国边远地区的移民在迁移前基本都是以农业生产为生，在土地之外获取收入的能力本来就有限，耕地是他们赖以生存的基本生产资料。在迁移之后，最大的变化是耕地被征用或被淹没，他们原有的生产方式无法延续，如果他们不能顺利实现再就业，在某种程度上就是切断了他们生存的根脉，使生活水平下降，使得他们严重缺乏安全感。

其次，我们对于移民的再就业培训较为滞后。移民由于原有生产技能不能再应用，迫切需要新的生产技能的培训，虽然政府在这方面做了一些工作，开办了若干短期培训班，但有些迁入地因本来经济水平就不高，就业机会稀少，所以还是影响了移民的再就业，有些地区移民再就业的比例仅为移民总数的15%左右。[2] 较低的再就业率限制了移民生活水平的提高，使得有些移民的生活在迁移后陷入困顿。

最后，在征地补偿或迁移补贴的发放方面还需要创新体制机制。我国目前在征地补偿金和迁移补贴的发放方面，在实际运作中有两种方式：一种是一次性付清，另一种则是分期给付。我国政府渠道的补偿金或补贴的

---

① 详见笔者2014年3月的调查问卷，详见附录四、二、6.4。

② 靳薇：《三江源生态移民面临的重建家园问题》，《学习时报》2013年12月9日，第4版。

发放基本是一次性的，这符合移民的心理需要，也可以预防项目方或基层政府在后续时间段内拖延付款。但从经济学对个体消费行为的研究结果来看，如果一次性给予个体较大数额的金钱，容易诱发短期的高消费行为，而导致个体后期生活的困难，这也是大多数西方国家按月发放各种救济金的原因之一。在我国的各类移民中，也存在这方面的问题，当政府的补贴用完之后，移民的生活捉襟见肘，经济拮据。在调研中，我们还发现有些项目方在征地补偿中没有一次性付清补偿金，并且在其后的过程中多次拖延或降低补偿，甚至产生补偿金不了了之的问题。① 这种发放形式显然更不利于移民的权益保障，需要予以改进。现在的问题是这两种方式都存在某些不足，而最终受影响的都是移民本身。笔者认为应由政府或项目方一次性将补偿金划拨给银行等社会金融机构，再由这些机构将补贴按月给移民发放，但调研结果并不支持这一设想。② 所以，在补偿金的发放形式方面我们尚需进行某些创新。

第二节　我国环境弱势群体的维权困境

通过上述分析可知，我国的各类环境弱势群体虽然类型不同，面临的具体环境和具体问题有所差异，但他们当前处境有一个共同点，那就是他们的基本权益都处于容易被忽略或侵害的境地，有的甚至已经受到了不同程度的侵害。在环境弱势群体基本权益受到损害的情况下，他们在维护自身权益方面却存在某些不足、面临一系列障碍，这也正是我们将其归为弱势群体的重要原因之一。下文我们主要分析在基本权益遭受损害的情况下，环境弱势群体维权行为出现的概率以及维权行为的可能后果。

一　采取维权行为的概率较低

环境弱势群体由于在社会政治经济结构中处于劣势地位，他们在权益

---

① 笔者在某镇的访谈。访谈时间：2014 年 2 月 20 日；被访谈人：张某，男性，51 岁。
② 详见笔者 2014 年 3 月的调查问卷，详见附录四，二、6.5。

受损后多数是选择沉默或忍耐，而不是采取维权行动。以下三种情形突出地反映了这一现象。

一是城镇居民整体环境抗争的概率较低。从广义的环境弱势群体概念来看，广大公民相对于企业或政府都是处于环境弱势地位的。那么，他们在遭受到环境危害或环境侵害时的反应是什么呢？是否会倾向于采取维权行为呢？我们以环境意识和维权意识都相对比较高的城镇居民为例，来看民众采取环境维权行为的概率。2003年进行的全国综合社会调查显示，在接受访问的5069名城镇地区人口中，有76.75%的人表示自己或家人曾经遭受过环境危害，但在这些人中，只有38.29%的人进行过抗争，而未作任何抗争的人的比例高达61.71%。① 可见，当遭遇到环境危害时，城镇居民采取维权行为的概率不足50%，这与其他权利被侵害时的反应是有巨大差距的。

二是污染企业周边居民倾向于保持沉默。环境弱势群体主要是在两类社会结构中表现较为突出，一是"加害—受害"结构，二是"受益—受苦"圈层。而从权益受损害的程度来看，污染受害群体的处境比开发保护受苦圈层更为严重，污染受害群体一般是生命健康权或财产权等切身利益都遭受损害，而开发保护受苦圈层则一般仅限于财产方面的损失和生活质量的下降。从常理来看，在切身权益遭受侵害的情况下，污染受害群体采取维权行为的概率应该较高，但调查统计数据并不支持这一推论。而如果从博弈论的角度分析污染企业与周围居民的策略博弈，则可发现在没有外来力量介入的条件下，"周围居民选择沉默和污染企业选择卸责行为所组成的策略是一个纳什均衡点"②，也即作为深受污染企业影响的周围居民倾向于沉默而不是采取维权行动。

三是当切身利益遭到损害时，污染企业周边居民仍有较大比例没有采取任何措施。如果我们说，在受到的环境危害比较轻微的情况下，或污染企业的污染行为尚未对自身利益构成影响时，城镇居民选择了不抗争，污染企业周边居民倾向于保持沉默；那么当切身利益受到影响时，居民是否会采取维权行为呢？我们的调研数据显示，当切身利益受到污染单位影响时，仍有29%的居民没有采取任何措施，而直接与加害方协商或对其起诉

① 冯仕政：《差序格局与环境抗争》，载洪大用主编《中国环境社会学》，社会科学文献出版社2007年版，第270—296页。

② 顾金土：《乡村污染企业与周边居民的策略博弈》，载洪大用主编《中国环境社会学》，社会科学文献出版社2007年版，第208—224页。

的维权行为比例仅分别为27.76%和6.94%（详见图3－24）。当污染企业给居民的生命、财产造成损失时，有高达17.14%的比例的人没有想过要求赔偿（详见图3－25），而这一比例在山东省高达28.7%。^① 可见，环境弱势群体在基本权益遭到损害时较少采取维权行为，这与他们自身环境意识和权利意识的淡薄有关，也与环境产品的公共性有关。

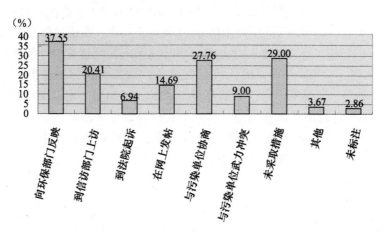

图3－24　当切身利益受到污染单位的影响时，村民采取的措施②

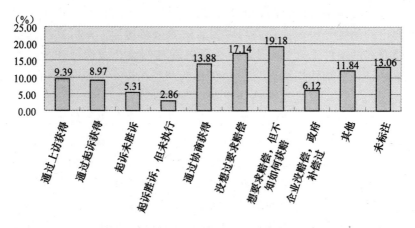

图3－25　村民获得污染企业赔偿的情况③

---

① 笔者2014年1月的调查问卷，详见附录二，四、12.9。
② 资料来源：笔者2014年3月的调查问卷，详见附录三、附录四。
③ 同上。

二 依法维权行为效果不彰

当环境弱势群体的基本权益受到威胁或损害时，向环保部门反映、投诉，或者上访、起诉、集会抗议等都是合法的维权行为，是对抗污染加害方的有力武器。尤其是当居住地周边有明显的污染企业，而这一企业的排污行为又对居民的财产和健康构成较大危害时，周边居民也会采取某些措施。从问卷统计来看，当切身利益受到侵害时，37.55%的民众选择向有关部门反映；27.76%的民众选择与污染单位协商；20.41%的民众选择上访；14.69%的民众选择在网上发帖呼吁关注；6.94%的民众选择到法院起诉等（参见图3-24）。在目前的政策和法律规定的条件下，我们允许和提倡民众通过上述多种方式制止正在发生的环境侵害，这也是问题能够得到良性解决的较好方式。但从实际效果来看，上述合法维权行为有时并不能得到政府有关部门的及时回应，法律维权也存在较大的难度。下文中我们以污染企业周边居民和工矿企业一线工人为例来进行说明。

首先看污染企业周边民众的维权情况。

一是污染企业周边居民的行政投诉或上访被重视的程度不够。从调研情况来看，有些地区的环保部门对群众的诉求反应很不及时。样本中有高达35.92%的比例认为环保部门对于群众的诉求反应很不及时，甚至有20%的问卷回答本地区的环保部门对群众投诉根本就没有反应（详见图3-26）。而在农村地区环保部门没有反应的比例最高，为55.1%。[①] 同时，有些地区的信访部门并未对环境弱势群体反映的情况给予足够的重视。群众上访后问题没有得到解决的比例为44.08%，有的地区的信访部门不但没有解决问题，还存在扣押上访群众、办事效率低下等问题（详见图3-27）。当环境弱势群体的权益受到侵害时，向有关部门反映情况要求制止侵害是群众反映诉求的主要渠道，这一渠道的畅通是保障民众权利的基本条件，但目前有些地区并未充分发挥这一主渠道的作用，导致加之于环境弱势群体身上的侵害很难及时被制止，由此延误了问题的解决。

---

① 根据笔者2014年3月的调查问卷统计数据整理。

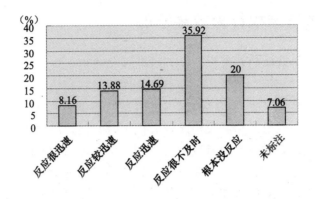

图 3-26　环保部门的反应情况①

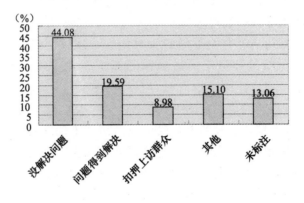

图 3-27　信访部门的反应情况②

　　二是法律维权难度较大。通过法律手段维护自身的合法权益，是我国宪法赋予公民的基本权利，也是维护社会公平正义的最后防线。如果因为某些企业的污染行为造成了对周边民众的健康损害，从环境正义的角度来看，企业应该对民众的损失予以赔偿，但从诉讼实践来看，民众很难通过法律手段获得应有的赔偿。首先，环境弱势群体法律诉讼立案困难、胜诉率低。据统计，我国每年的环境纠纷案件有 10 多万件，但真正告到法院

---

① 资料来源：笔者 2014 年 3 月的调查问卷，详见附录三、附录四。
② 同上。

的不足1%。各级法院受理的环境侵权案件更是屈指可数，而其中原告即被害人胜诉的案件又微乎其微。[1] 再如中华环保联合会法律服务中心2007年受理22起环境案件，仅有2起案件获得胜诉；不予立案、无从鉴定、停滞不前的案件有13起。[2] 部分法院对环境侵权诉讼案件设置了重重障碍，尤其是当涉及大规模污染造成众多受害者时，法院更是心存顾虑，不愿受理。问卷显示，法院对相关诉讼不予受理的比例接近20%（详见图3-28）。其次，虽然我国规定了环境侵害中的举证责任倒置原则，但在现实操作层面仍有一定的困难，不少法院仍然要求居民提供证据（详见图3-28）。因难以确定污染受害者的健康受损与环境污染之间的直接因果关系，绝大多数诉讼以环境弱势群体的败诉而告终。再次，从现实污染状况来看，有时影响范围较广的水污染、空气污染等，污染源往往不止一家企业，环境弱势群体遭受的损害往往处于"多人有责、无人埋单"的尴尬境界。最后，从环境弱势群体和污染企业的力量对比来看，环境弱势群体由于受教育水平低、经济地位和社会地位往往也较低，与有组织的企业相比，明显处于劣势。

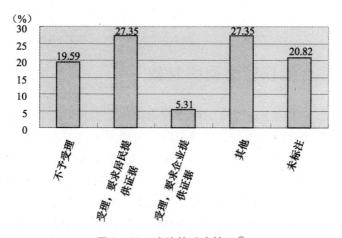

图3-28　法院的反应情况[3]

---

① 武卫政：《环境维权亟待走出困境》，《人民日报》2008年1月22日，第5版。
② 汪劲：《环保法制三十年：我们成功了吗》，北京大学出版社2011年版，第282页。
③ 资料来源：笔者2014年3月的调查问卷，详见附录三、附录四。

在这种强弱对比悬殊的情况下，相关法律尚未从环境弱势群体的角度出发，作出更人性化的规定。因此造成的现实情况往往是：公民个体起诉污染企业，费尽周折也难有公平的结果。在本次调查中，居民通过起诉获得企业赔偿的比例仅为 8.97%，而另有 5.31% 的样本起诉未胜诉，2.86% 的样本胜诉而未执行（参见图 3 - 25）。可见，在环境弱势群体的权益遭到侵害这一既成事实的背景下，想要通过法律手段进行索赔也是困难重重。调研发现，在污染事实既定的情况下，民众获得过污染企业赔偿的比例仅为 18.36%，而不知如何获得赔偿的比例将近 20%（参见图 3 - 25）。

其次，我们来看一线工人的维权情况。

一线工人在工作中处于较高的环境致病风险之中，当他们的健康受到损害时，想要获得赔偿也面临与企业力量的不对等、举证困难等问题。并且由于环境污染致病往往是长期的、隐蔽的，并且涉及的人数较多，赔偿的金额也一般较大，有时甚至超出企业的赔偿能力，使得工人无从获得赔偿。另据梁鸿等人的研究，有些工人因工作急性中毒致死后，虽然想获得合理的赔偿，但家属畏于企业的气势，又怕解剖后得不到相关证据，只好同意企业给出的极低的赔偿条件。[1]

三　非法维权行为面临制裁

环境弱势群体由于在经济、政治等方面地位的弱势，他们所拥有的社会资源和所能动用的社会力量极其有限，他们对于良好环境和自身权益的诉求往往得不到足够的重视和回应，致使他们的合法维权行为遭受挫折。在合法维权无果的情况下，再加上环境弱势群体自身的法律意识较淡薄，他们有时会采取非法维权行为，如封堵道路、打砸工厂、冲击政府等，其动机可以理解，但却因为行为的违法性而面临法律的制裁等后果，这是环境弱势群体维权的又一困境。

从维权行为的特点来看，大中型城市的市民往往具有较高的法律意识和较强的社会动员能力，他们的环境抗争一般是依法进行的，也较能实现预期的诉求。但县、乡、村这些基层地区的环境弱势群体，他们的诉求本

---

[1]　梁鸿：《出梁庄记》，花城出版社 2013 年版，第 269 页。

身就不被重视，当行政维权手段和法律维权手段都难以奏效、社会救济又没有实施时，他们倾向于采取自力救济式的暴力维权行为，如封堵道路、围堵工厂、破坏工厂的设备、冲击政府、扣押政府或企业工作人员、打伤企业人员或执法警察等。尤其是当人员数量众多时，这些非理智的暴力违法行为更为普遍和激烈。但这些非法维权行为对社会秩序、社会财富和其他公民的人身安全都产生了不良影响，事后也多会受到法律的制裁，本来是维护自己权利的行为却演变为对他人和社会的侵害行为。

基层环境弱势群体采取非法维权行为的主要目的是把事情闹大，促使上级政府和媒体介入，使污染加害行为停止或自身合法权益实现。虽然他们的行为不合法，但有时却是他们所能采取的唯一有效的自救方式，否则问题就没有解决之日，这一点暴露了我国基层政府在满足群众环境诉求方面的不足。这种行为是对现实社会秩序的一种自发纠偏，具有一定的积极意义，对于促进我国各级政府的治理模式起着推动作用。但非法维权行为往往因为其强烈的破坏性而引起社会各方的关注，影响巨大，对社会秩序、经济秩序和政府公信力都具有某些消极影响。

第三节　环境弱势群体维权困境的原因分析

从上文分析可见，环境弱势群体的生命健康权、财产权、发展权等遭到了不同程度的损害，但在权益受损的前提下，他们的维权之路又面临诸多困难，不能及时制止侵害的发生。造成环境弱势群体这一困境的原因是多方面的：从政府方面来看，地方政府在环境监管方面尚存若干不足；从企业方面来看，企业的社会责任感普遍较为欠缺；从社会层面来看，司法救助和社会救助较为缺乏；从环境弱势群体自身来看，他们的环境意识、权利意识和法律意识都还相对薄弱。

一　地方政府环境监管不力

众所周知，工矿企业是环境污染的主要来源之一，它们通过对环境的直接污染，间接侵害了环境弱势群体的权益。但在对企业的环境监管方面，地方政府既存在主观上的矛盾又存在客观上的困难。

1. 地方政府环境监管的主观矛盾

从全国范围来看，近几年来污染企业与实际的污染行为主要积聚在贫困地区，其中绝大部分造成重大影响的工业污染来自县城工业企业。这是一个值得警惕的新现象，表明我国的工业污染由原来主要集中在大城市开始向下转移，由点到面扩散。因此，破解各地尤其是贫困地区经济增长与环境污染之间的困局是我国生态文明建设能否取得进展的关键，也是解决环境弱势群体困境的关键。贫困地区环境困局的形成，主要是经济增长与环境保护非对称博弈的结果。

从基层的现实状况来看，经济增长的代表性力量主要包括县级政府、企业主、产业工人、本区域民众等，而环境保护的代表性力量主要是中央政府及污染企业周边居民。在社会运行过程中，这两方面的力量是极不对称的。

先来看经济增长的力量。县级政府是我国财政统计的基层单位，长期以来，我国经济增长的主要任务逐级落实到县财政头上，实现经济的持续快速增长成为县级政府的首要任务。在这一压倒性任务的驱使下，县级政府千方百计促进本地经济的发展，而根据不完全统计，工业企业增值税往往占到当地财政的 80% 以上。① 没有工业企业，整个财政就会陷入瘫痪，无法运转。对于能够帮助自己完成经济增长任务的工业企业，当地政府是十分倚重的。所以我们所见到的监管不力、无法关停、关而复产，其实是当地政府的不得已之为，若非如此，当地财政严重受创，事业单位工资不保，社会稳定成为奢望。所以，对于有污染的工业企业，当地政府爱多于恨、护多于责，对他们的污染行为能够一忍再忍，这也是地方保护的根源之一。

与这种强大的经济增长的刚性需求相比，环境保护的力量则薄弱得多。虽然中央政府从宏观上确定了建设生态文明的总体方针，并出台了若干加强生态文明建设和保护环境的政策规定，但由于我国领土幅员辽阔，监管困难，中央政府对各地的环境状况监管鞭长莫及，不能达成对各地环境的实时守护。而由于环境资源的公共性，污染企业周边居民在企业污染之初并未给予足够的关注，只有在切身利益受到侵害时才会起来维护自身

---

① 资料来源：笔者对某财税系统工作人员的访谈。访谈时间：2012 年 5 月 7 日；被访谈人：张某，男性，51 岁。

权益，从而客观上维护了环境，但这类情况还是相对较为少见的。

在这种非对称博弈下，环境保护是长远利益、集体利益，在一定意义上属于"公地"范畴；而企业利润却是企业、当地政府、企业工人、厂房所有者的共同的、现实的、切近的利益，所以造成了环境污染的全面化和基层化。在我国的部分县级城市尤其是中西部资源匮乏县城，工业企业遍地开花，环境监管形同虚设。有些政府部门对群众的环境监管诉求反应很不及时，相比较而言，低收入群体的环境诉求更是经常处于被忽视的境地（详见图3 – 29）。

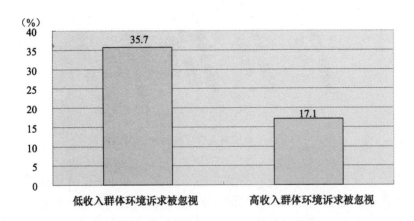

图3 – 29　不同群体环境诉求被忽视的比例①

2. 地方政府环境监管的客观困难

地方政府在环境监管方面除了上述分析的主观矛盾状态之外，还存在若干客观的困难，对环境监管"心有余而力不足"，很难切实有效地发挥环境监管的职能。

首先是环境监管体制和制度的欠缺。除了极少部分地区外，我国乡镇一级目前尚未设立环保机构，也无专人负责环境监管，对农村的环境质量缺乏关注，严重影响了环境监管的效率。在缺乏必要的人力资源和监管经费的情况下，某些县级环保机构存在以罚代管现象。根据课题组的调查，有些地区的县级环保机构只是让污染企业每年上缴排污罚款，但并未督促

----

① 资料来源：笔者2014年1月的调查问卷，详见附录一、附录二。

这些企业尽快改进设备减少排污，对于企业的违规过量偷排也不予监管（详见图3-30）。

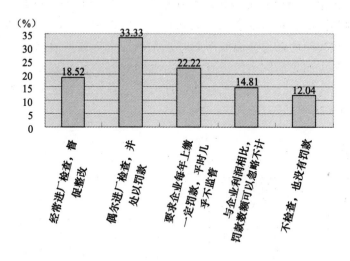

图3-30 环保单位对企业环境污染的处理情况①

其次是针对企业的环境收费制度还不完善。在市场经济条件下，企业以最大限度地追逐利润为根本目的，企业的成本核算体系中不包含对环境的损害，由此造成市场经济对于环境保护的"外部不经济性"。只有加大对企业的污染收费，才能鼓励和引导企业优化生产环节，减少对环境的污染。但是根据我国现行法律的规定，企业污染排放收费标准设置过低，与企业所得的巨额利润相比，排污收费制度没有发挥必要的制约功能，因而在客观上为企业的污染排放提供了某种"鼓励"，造成对环境的广泛污染。

最后是环保部门对企业的偷排行为督查难以到位。在环保部门检查期间，企业的环保设备处于正常运转状态，但环保部门查完之后，出于成本考虑，大部分企业选择违规偷排。调查结果显示，污染企业污染物的排放时间段不定期排放的有37.96%，夜晚排放的占16.08%（详见图3-31）。由于排放时间的不固定和隐蔽性，环保部门对企业的监管出现困难。所以，对于企业的违规偷排行为，仅靠环保部门是远远不够的，需要借助周边民众的监督和举报，但有些污染途径又是社会民众不易识别的，这就进

---

① 资料来源：笔者2014年3月的调查问卷，详见附录三、附录四。

一步造成了环境监管的困难。根据调查，污染企业的污染途径是多方面的，居于前四位的污染途径是空气污染（70.2%）、水污染（64.08%）、固体废弃物污染（39.59%）和噪声污染（26.53%）（详见图3-32）。在这些污染途径中，容易被社会民众发现的、难以容忍的是空气污染和噪声污染，而固体废弃物污染后果的显现需要一定的时间，民众的反映不那么强烈和迫切，水污染的形式则往往比较隐蔽，需要专门的机构进行鉴定。

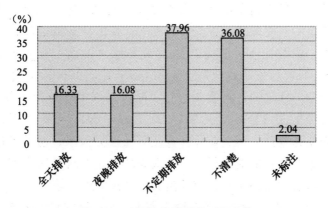

图3-31　污染物排放的时间段①

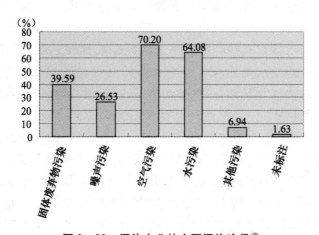

图3-32　污染企业的主要污染途径②

---

① 资料来源：笔者2014年3月的调查问卷，详见附录三、附录四。
② 同上。

综上，由于多方面原因的制约，基层地方政府对企业的环境监管还存在若干不足，这是造成企业对环境责任较为淡漠的重要原因，也是我国环境弱势群体产生的重要原因之一。

二 企业社会责任感欠缺

企业社会责任感是企业运作成熟完善的重要标志，也是企业良性运行和为社会负责的必要保障。在当前阶段下，我国企业的总体社会责任感很难令人满意。中国社会科学院 2010 年发布的《中国企业社会责任研究报告》，根据企业自身披露的相关信息对我国国有企业 100 强、民营企业 100 强和外资企业 100 强的环境责任进行了赋分，以 100 分为满分，上述 300 家企业的环境责任得分平均仅为 14.95 分。[①] 从调研情况来看，目前我国的大部分企业尤其是乡镇企业社会责任感还较为欠缺，这种责任感的欠缺首先表现为企业恶意的偷排行为，其次表现为企业对健康生产和安全生产的忽视，最后表现为逃避自身应承担的环境污染责任等。

首先，企业的环境污染行为较为普遍，违规偷排的比例很高。在我们的调研、访谈和问卷调查中，发现工矿企业在生产过程中存在较为普遍的环境污染行为。有些企业为了节约成本，本身就没有配备必要的清洁生产的技术设备；有些企业废水未达到排放标准，违规从深井中排放废水，造成对地下水的污染；有些企业的环保设备只是为了应付检查，平时基本不运转（详见图 3－33）。所有这些行为都反映出我国部分企业不顾环境承载能力、一心追逐利润的不良心态，而深层次的原因是企业社会责任感的欠缺，企业并未将自己视为社区的一员，缺乏与社区民众同甘共苦的参与感，没有将企业周边的环境视为自己家园的一部分，而只是想从短期的破坏行为中获利，缺乏长远建设目光。正如英国学者马克·史密斯和皮亚·庞萨帕等人所言："在发展中国家，企业责任方面一个令人震惊的特点是，除非是被激进活动分子所逼迫，公司普遍缺乏监督或实施行

---

① 自然之友、杨东平：《环境绿皮书》（2011），社会科学文献出版社 2011 年版，第 24 页。

为准则的意愿。"①

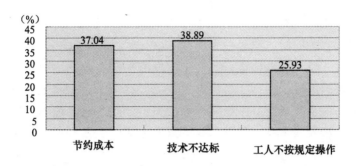

图 3 - 33　企业在生产中出现污染行为的主要原因②

　　其次，工矿企业对一线工人的健康生产较为忽视。我国在安全生产方面已经形成了较为系统的法律规定和政策要求，并且形成了较为完备的体制保障系统，如各级地方政府均设有安全生产监管部门，这些部门在确保工矿企业安全生产、预防重大安全事故等方面发挥了积极作用。但与对安全生产的重视程度相比，我国在健康生产方面还未形成系统明确的法律规定和政策体系，由此造成这方面监管的空白，导致在生产过程中环境致病风险的增加。在我们调研的大部分乡镇企业中，一线工人在生产过程中普遍缺乏必要的防护措施，他们直接接触有毒有害物质，这些有害物质有的损伤人的皮肤、有的危害人的呼吸系统，造成对人体健康的损害。

　　最后，有些工矿企业千方百计逃避自身应承担的环境污染责任。从当前的现实情况来看，工矿企业的污染是造成环境退化的主要原因，也是造成环境弱势群体困境的主要原因，工矿企业理应对环境问题承担主要的责任。但由于制度的空白和企业社会责任感的欠缺，有些工矿企业对于自身应该承担的环境责任采取逃避的态度。面对周边民众的环境诉求，他们视而不见，继续违规偷排；对于自身行为对民众健康的损害，企业也很少主动积极地进行赔偿或补偿，更有甚者，有些企业与周边民众关系紧张，发

① ［英］马克·史密斯、皮亚·庞萨帕：《环境与公民权：整合正义、责任与公民参与》，侯艳芳、杨晓燕译，山东大学出版社 2012 年版，第 149 页。

② 资料来源：笔者 2014 年 3 月的调查问卷，详见附录三、附录四。

生激烈的冲突，导致社会矛盾的升级。

可以说，在企业环境污染的过程中，企业主是最大的获利者，他们将本应由企业承担的环境成本外部化，从而获取巨额利润，占有超额财富；在企业主获利的同时，遭受损失的是一线工人、周边居民、流域影响范围内的居民等，以及当地环境。我们当初发展乡镇企业的主要目的是以工补农，但结果却造成了"因工害农"的局面。企业的违规排放，造成土壤肥力的下降、重金属残留、庄稼减产等损失，产生了对环境不可逆的绝对损失。因此，从表面来看，污染企业给当地上缴了大量利税，支援了地方的财政建设，但它自身却获得了更为巨额的利润，而这些巨额利润的获得是以工人和周边民众的健康以及政府的信用为代价的。

三　社会救助体系薄弱

环境弱势群体的形成，不像其他弱势群体那样因具有先天性和永久性而备受关注，他们的弱势地位多数是由外部条件的改变而引起的，具有外部植入性和暂时性，因而处于被社会救助系统忽视的状态。我国针对身体有残疾的弱势群体有若干救济基金和慈善基金来源，但针对环境弱势群体的救济基金和慈善基金还属空白。虽然我国已有生态补偿的相关规定，但生态补偿条例基本是针对生态环境进行的补偿，而对环境弱势群体的补偿则尚未提上议事日程。在这种情况下，当出现环境污染事件时，污染肇事方并不一定自觉履行补偿义务，即使进行了补偿，补偿力度也往往明显偏低，不足以弥补环境弱势群体的损失。当污染单位没有履行赔偿责任或无法确定明确的污染源时，为了较快地缓解环境弱势群体的困境，需要政府紧急给予社会救助，但由于这类群体的新生性，政府部门还尚未将其纳入救助范畴。所以，环境弱势群体虽然处境艰辛，但得不到应有的救助。如近年来，我国生态文明建设进程不断加快，对高耗能、高污染产业的关停并转力度不断加大，但是这些"双高产业"中的一线工人，由于产业结构的调整，暂时或长期处于失业状态，生活来源暂时中断，生活秩序受到影响。关于这部分人员的安置，有的地区出台了指导性政策文件，有的地区在领导讲话中有所体现，但总体上对这部分企业分流人员的关注程度还尚显不足，对他们再就业的技能培训和转岗安置工作开展得还不够理想。

四　环境弱势群体自身的原因

水质污染是生态恶化地区的首要辨识因素，而造成这些地区环境恶化的原因除了政府的监管不力、企业缺乏社会责任感之外，还与环境弱势群体，尤其是农民这一群体的环境意识密切相关。

首先，农民在生产过程中广泛存在过量施用化肥和农药的现象，这些化肥和农药经由地表流入河流或渗入地下，造成了地表水和地下水水质的双重恶化。其次，农民的环保意识还较为缺乏，对于生活废弃物的处理十分随意。他们往往缺乏垃圾集中的观念，将垃圾弃置在河流、湖泊等水源附近，造成水源的污染。最后，有些农民对污染企业造成的污染后果认识不足，明知有些企业会污染，但考虑到企业带来的就业机会和经济利益，仍然欢迎它们入驻，由此造成对环境的难以挽回的损失。如在某些边远山区的调研中，村民认为该地区域广大，低估企业的污染后果，盼望企业能进驻本地，改善自己的生活状态。①

总之，环境弱势群体产生的主要原因在于：对污染企业的监管还存在漏洞，致使企业没有切实履行自己的社会责任；民政部门对环境弱势群体的救助措施还比较薄弱，致使某些环境弱势群体得不到应有的救助；行政部门在规划建设过程中，对于环境弱势群体缺乏足够的关注，导致预防措施的缺位，另外，环境弱势群体本身环境意识的缺乏也是导致自身所处环境恶化的原因之一。

---

① 资料来源：笔者在某山村的访谈资料。访谈时间：2012 年 8 月 6 日；被访谈人：余某，女性，57 岁。

第四章　环境群体性事件

　　我们对环境弱势群体的观察和研究，离不开对他们进行的观察、访谈、问卷等静态的方法，但如果能将环境弱势群体置于社会背景的大框架之下，将他们置于与其他社会群体互动的背景之下进行研究，则更能直观地分析他们的基本处境和主要诉求，对环境群体性事件的研究正是这样一种动态的、多视角的研究策略。通过环境群体性事件，我们可以清晰地看到环境弱势群体的处境以及社会各阶层在权利和利益面前的博弈，思考引发环境群体性事件的深层原因，思考如何从制度层面回应环境弱势群体的诉求。因此，本章拟在社会群体性事件的大背景下，对 21 世纪以来我国的环境群体性事件进行简要扫描和分析。

第一节　环境群体性事件的基本状况

一　群体性事件与环境群体性事件

　　"群体性事件"并不是一个严格的学术概念，而更多地带有一定的政治色彩，它是我国对近年来由特定群体或不特定偶合群体发起的聚集、抗议等群体活动的描述，最初见于我国的某些官方文件。于建嵘曾对环境群体性事件进行了较为简洁的界定："群体性事件主要是指有一定人数参加的、通过没有法定依据的行为对社会秩序产生一定影响的事件。"① 本书主要是在上述意义上使用"群体性事件"这一术语。当前我国正处于城镇化

---

① 于建嵘：《抗争性政治：中国政治社会学基本问题》，人民出版社 2010 年版，第 44 页。

与工业化互动的社会转型时期，随着经济结构的变化和社会群体利益的多元化，群体性事件呈现出易发、多发的态势。根据相关统计，"从 1993 年到 2006 年，中国群体性事件已由 1 万起增加到 9 万起，参与人数也由约 73 万增加到约 507 万"[1]。根据中国社会科学院法学研究所法治指数创新工程项目组的统计，自 2000 年 1 月 1 日至 2013 年 9 月 30 日，中国境内共发生 100 人以上的群体性事件 871 起，估计有 220 万以上的人员参与了群体性事件，总计至少 79 人丧生。[2] 问卷数据显示，群体性事件诱发因素排在前三位的是拆迁补偿标准低（35.83%）、矿业或企业污染（20%）、置换的土地不如原来好（18.33%）（详见图 4 – 1）。

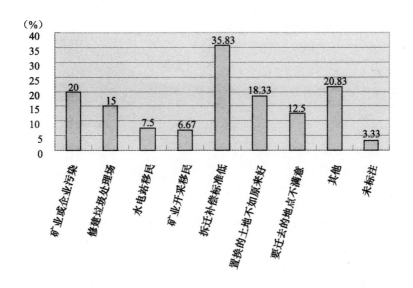

图 4 – 1　我国群体性事件的主要诱因[3]

环境群体性事件是社会群体性事件的一种类型，主要是指由环境污染、环境开发、环境保护、环境风险等问题引起的，以受影响群体为参与主体的，有明确的利益诉求的群体性事件。在我国社会群体性事件多发的

① 骆家林：《农村群体性事件发生机理探析——以 L 村的一起群体性事件为例》，《学理论》2010 年第 27 期。
② 详见李林、田禾《中国法治发展报告》（2014），社会科学文献出版社 2014 年版，第 272 页。
③ 资料来源：笔者 2014 年 3 月的调查问卷，详见附录三、附录四。

大背景下，环境群体性事件的数量和规模都在迅速增加，成为与征地拆迁、劳资纠纷相并列的三类群体性事件之一。"自 1996 年以来，我国环境群体性事件一直保持年均 29% 的增速，其中 2011 年比上年同期更增长120%。"[1] 相比于其他类型的群体性事件，环境群体性事件具有影响群体广泛、较容易达成活动共识、发动简单、规模巨大等特点。在万人以上的群体性事件中，环境群体性事件约占 50%。[2]

二 21 世纪以来环境群体性事件概览

根据相关纸质文献和有关政府的新闻公告，笔者梳理了自 2000 年以来我国较有影响的环境群体性事件，大约有 43 起，根据保守估计，参与人数至少在 20 万人以上（详见表 4-1）。

表 4-1　　　　　　21 世纪以来我国较有影响的环境群体性事件[3]

时间	地点	事件起因	参与人员与数量	参与方式
2001	山东胶州市铺集镇	化工厂污染	本镇村民，人数不详	静坐
2003	广西富川县白沙镇	砒霜厂污染	本地村民，上百人	上访、围堵工厂、与警察冲突

---

[1] 郭尚花：《我国环境群体性事件频发的内外因分析与治理策略》，《科学社会主义》2013 年第 2 期。

[2] 李林、田禾：《中国法治发展报告》（2014），社会科学文献出版社 2014 年版，第 279 页。

[3] 主要资料来源包括王玉明：《暴力型环境群体性事件的成因分析》，《中共珠海市委党校、珠海市行政学院学报》2012 年第 3 期；王赐江：《冲突与治理：中国群体性事件考察分析》，人民出版社 2013 年版；胡美灵、肖建华：《农村环境群体性事件与治理》，《求索》2008 年第 12 期；郭尚花：《我国环境群体性事件频发的内外因分析与治理策略》，《科学社会主义》2013 年第 2 期；孟军、巩汉强：《环境污染诱致型群体性事件的过程——变量分析》，《宁夏党校学报》2010 年第 3 期；张明军、陈朋：《2011 年中国社会典型群体性事件分析报告》，《中国社会公共安全研究报告》2012 年第 1 期等。

续表

时间	地点	事件起因	参与人员与数量	参与方式
2004	四川汉源县	水电站移民	当地农民，5万—10万人	静坐、阻拦施工、与武警冲突
2004	贵州瓮安江界河村	水电站移民	附近移民，上千人	拒绝搬迁、与警察冲突
2005	浙江东阳市画水镇	工业园区污染	村民，2万—3万人	上访，后围堵工厂、与警察冲突
2005	浙江新昌县黄泥桥村	若干药厂污染	下游村民，近万人	与厂方协商，后冲击工厂、与警方对峙
2005	浙江长兴县林城镇	蓄电池厂污染	附近村民，数千人	到县政府门口聚集
2005	浙江长兴县煤山镇	蓄电池厂污染	附近村民，6000多人	冲击工厂，要求停产或搬迁
2006	内蒙古包头市打拉亥上村	钢厂尾矿库污染	附近村民，人数不详	上访，要求搬迁和补偿，后阻拦工厂生产
2007	内蒙古包头市新光一村、三村、八村	电厂储灰坝污染	村民，200余人	阻拦施工，与警察冲突
2007	广西岑溪市波塘镇新廉村	造纸厂污染	村民，100多人	上访，后设置障碍、围堵工厂、与警察冲突
2007	山东威海市乳山县	核电站建设	银滩房屋业主，数千人	网站讨论、走访、信访等
2007	上海市	拟建磁悬浮项目	上海市民，数千人	"散步"、购物、喊口号
2007	福建厦门市	PX项目	厦门市民，数千人	散步
2008	浙江省舟山市定海区马岙镇	化工厂污染	附近村民，人数不详	冲击工厂，后与警察冲突
2009	湖南浏阳市镇头镇	化工厂镉污染	本镇居民，数千人	向上级反映、游行、与警察冲突
2009	陕西凤翔县长青镇	冶炼公司铅污染	村民，数百人	围堵工厂、与厂方发生冲突

续表

时间	地点	事件起因	参与人员与数量	参与方式
2009	湖南武冈市文坪镇	锰业公司污染	当地居民，人数不详	网上发帖、拦截公路、与警察冲突
2009	福州泉港区峰尾镇	污水处理厂排污	当地居民，数百人	向政府反映，后冲击工厂、关闭阀门、与警察冲突
2009	北京、上海、深圳、南京、吴江、广州	拟建垃圾焚烧厂	本市居民，人数不详	上访、拥堵堵路、围堵环保局、向政府递交"万民请愿书"、签名、抗议等
2010	浙江桐乡市崇福镇	汇泰科技有限公司废气污染	当地村民，数千人	上访，后围堵公司、堵路、与警察冲突
2010	浙江嘉兴市	硅业污染	当地村民，数百人	冲击企业，围堵道路，围堵县政府、县信访局
2010	浙江杭州市	拟建医药园	周边居民，数百人	网上发帖、联名上书等
2010	广西靖西县新甲乡	铝业污染	周边居民，数千人	向上级反映、游行，后与厂方发生冲突
2011	浙江德清县新市镇	电池厂污染	周边居民，数千人	上访，后围堵工厂、围堵政府
2011	浙江海宁市袁花镇红晓村	晶科能源公司光伏产品污染	当地群众，8000人左右	上访、抗议、冲击工厂、与警察冲突
2011	辽宁大连市	PX项目溃堤	大连市民，约12000人	游行示威、请愿
2011	广东河源市紫金县临江镇	电池厂污染	村民，人数不详	抗议、封堵道路，后与警察冲突
2011	内蒙古锡林郭勒盟	露天煤矿污染	周边居民，数千人	阻拦车辆、与厂方冲突
2011	广东汕头市潮阳区海门镇	发电项目前期论证	当地群众，数百人	封堵高速公路

续表

时间	地点	事件起因	参与人员与数量	参与方式
2012	浙江宁波市镇海区	PX 项目	当地村民，数百人	集体上访、封堵道路
2012	四川省什邡市	拟建钼铜项目	市民及学生，数百人	网络微博、论坛，上访、游行，后与警察发生冲突
2012	江苏省启东市	拟批造纸企业排海工程	启东市民，数万名	集结示威、冲击政府
2012	天津市	PC 项目开工	天津市民，数千人	"散步"
2012	山东济宁任城区接庄镇十里营村	压煤搬迁	村民，数千人	上访、冲击政府、与警察冲突
2013	深圳市南华区	LCD 工厂污染	社区居民，近万人	游行、联名抵制
2013	四川成都市	PX 项目	成都市民，人数不详	"散步"、微博等网络方式
2013	云南昆明市	PX 项目	昆明市民，人数不详	聚集、抗议、游行、网络

三 环境群体性事件的基本类别

根据不同的研究视角，我们可以将上述 43 起环境群体性事件进行如下四种分类：一是根据事件的诱发原因，我们可以将其分为环境污染引发的群体性事件、环境风险引发的群体性事件和开发安置引发的群体性事件（详见表 4-2）。二是根据事件冲突的激烈程度，我们可以将其分为暴力冲突型群体性事件、围堵抗议型群体性事件和缓和请愿型群体性事件（详见表 4-3）。三是根据事件发生的主要地域，我们可以将其分为村镇群体性事件、区县群体性事件和大中城市群体性事件（详见表 4-4）。四是根据事件参与群体的数量，我们可以将其分为中等规模群体性事件（100—1000 人）、大规模群体性事件（1001—10000 人）和特大规模群体性事件（10000 人以上）等（详见表 4-5）。

表4-2　　　　　　　　根据事件诱因的分类情况

类别	数量	占总数的比例
环境污染引发的群体性事件	22	51%
环境风险引发的群体性事件	18	42%
开发安置引发的群体性事件	3	7%

表4-3　　　　　　　　根据事件冲突激烈程度的分类情况

类别	数量	占总数的比例
暴力冲突型群体性事件	22	51%
围堵抗议型群体性事件	4	9%
缓和请愿型群体性事件	17	40%

表4-4　　　　　　　　根据事件发生地域的分类情况

类别	数量	占总数的比例
村镇群体性事件	22	51%
区县群体性事件	5	12%
大中城市群体性事件	16	37%

表4-5　　　　　　　　根据事件参与人数的分类情况

类别	数量	占总数的比例
中等规模群体性事件	23	53%
大规模群体性事件	14	33%
特大规模群体性事件	6	14%

　　如果我们再进一步考察上述四种事件类型的重合度，则会发现村镇环境群体性事件几乎全部是由环境污染引发的，并且事件最后几乎都发展到了暴力冲突级别；而发生在大中城市的环境群体性事件则基本都是环境风险引发的，抗议形式多是"散步"、请愿、上书、借助网络等相对缓和的方式，这与群体性事件的参与群体的社会地位、权利意识、法律意识、维权能力等因素明显相关。

第二节 环境群体性事件的原因分析

引发环境群体性事件的原因是多方面的，从表面来看，环境污染、环境风险、拆迁补偿不合理等都是诱发环境群体性事件的直接原因；从更深的层面来看，我国现有的社会结构和政治结构滞后于经济结构，不能化解经济结构变化带来的新矛盾则是更根本的原因。

一 直接原因

1. "加害—受害"结构下的环境污染

在上述 43 起环境群体性事件中，因环境污染引发的群体性事件有 22 起，约占总数的 51%，是最主要的环境群体性事件类型。在环境污染导致的群体性事件中，参与主体主要包括污染企业、受害群众和政府部门。

此类事件基本的演变线索为：首先是当地政府为了本地的经济增长，引进污染企业；污染企业入驻后为当地部门上缴了大量利税，促进了当地经济发展；但与此同时，这些企业对所在地的环境造成了严重破坏，给周边居民带来了严重损失，有的造成数千名居民血铅超标、身体过敏，有的造成附近几个村庄的庄稼死亡，有的造成当地数千居民的饮水困难、呼吸困难等，由此引起群众的强烈不满。群众最初通过合法途径向政府有关部门反映、上访，但他们的合理诉求基本是被置之不理，没有任何成效，在多方合法诉求无果的情况下，受害群众开始了多种形式的自力救济，他们或者封堵道路，或者围堵工厂、要求企业停工；当政府部门派警力介入后，群众与警察发生冲突，群众有的被拘留、有的被判刑、有的被打伤，甚至警民双方都有人员伤亡。

从环境正义的角度来看，这类事件中的加害方主要是污染企业，它们对环境的污染造成了对周边民众健康权和生存权的侵害；受害方是周边民众，他们长期忍受企业造成的污染，在合法维权途径无法实施的情况下，采取了不符合法律规定的自救式维权。从维护社会正义的角度来看，政府应该站在环境弱势群体的立场，对污染企业进行制裁，责令其停止对民众的环境侵害。但在现实条件下，污染企业是当地政府引进的财政支柱，政府有意无意地偏袒污染企业，对民众的合理诉求未能满足，有的地方政府甚至对群众进行"思想政治教育"，要求群众支持企业的生产。在群众愤而采取措施围堵工厂、阻挠生产时，往往被定性为破坏社会秩序、破坏社会治安，绝大部分基层政府出动警力进行干预，因此，最有责任维护社会正义的政府部门却采取了一边倒的态度，站在了本来就处于强势地位的污染企业一方，造成了对正义的违背。在这种"政企合谋"的形势下，留给群众的维权途径似乎只剩下了暴力冲突这一条，这也就不难理解我们上述所见的环境污染引发的群体性事件几乎都是暴力冲突型的，其中，固然有受害群众法律意识淡薄等自身原因，但更大程度上是形势所迫，是群众在投诉无门、反映无果、侵害加剧等形势下的无奈之举。

2. "邻避效应"下的风险恐慌

邻避效应（Not-In-My-Back-Yard）最早是由西方学者在社会运动的研究中提出的一种现象，它的字面含义就是"不要建在我家后院"，主要是指民众基于一定的环境认知，对某些可能产生环境风险的设施的恐惧和抵抗心理，在这种恐惧和抵抗心理的支持下，民众一般会动员起来，集体反抗在自己社区周边建立垃圾焚烧场、核电站、变电站等"邻避设施"。邻避效应已经成为行政学、管理学、政治学、社会学、心理学、环境规划学等多个学科的研究热点，它较为贴切地概括了当前因环境风险规避心理而产生的环境群体性事件的原因。

在上述43起环境群体性事件中，因环境风险引发的有18起，是仅次于环境污染的第二大诱因。由于民众环境意识的不断加强，由于人民生活水平的不断提高，人们对良好生活环境的需求不断增加，环保意识和环境风险意识不断增强。在这种情况下，原先不太受关注的环境问题和环境风险逐渐被提上议事日程，人们对于居住地周边可能的污染源给予奋力抵制就成为一种必然现象。

如上述发生在北京、上海、南京、番禺、吴江等地的居民抵制垃圾焚烧厂的举动，以及上海市民反对磁悬浮建设项目的行为，还有各地市民反对 PX 项目的行动等，都是在邻避心态下对环境风险的一种规避意识，要求不要将污染设备或污染企业建在自己所在的社区，要求这些设施或企业搬迁，如原定建在厦门的 PX 项目迁址漳州，厦门市民就不再反对。但如果漳州的市民具有同厦门市民同等的环境风险意识以及环境抵抗能力，那么 PX 项目入驻漳州也会引发强烈的抵制或大规模的群体性事件。

3. "受益—受苦"结构下不合理的开发安置

我国当前的基本形势是"三化并进"的格局，即在城镇化和工业化互动基础上的整个社会的现代化，在现代化建设的美好愿景下，我国若干地区开展了大规模的环境开发和项目规划，如长江三峡工程、四川瀑布沟水电站项目、贵州瓮源构皮滩水电站项目等，还有各省的高速公路建设、高铁建设以及其他公共交通设施建设等。从国家和社会的整体利益层面而言，这些项目开发有利于我国的现代化建设，有利于社会整体财富的增加，可以让大部分社会成员受益，可以说，国家和大部分社区成员处于这些规划和开发的"受益"圈层。

相对于其他社会成员的"受益"，那些受项目开发影响的群众明显处在"受苦"圈层。因为这些项目建设有的需要淹没上百顷良田，动迁数十万乃至上百万民众，这就意味着这些民众要离开自己多年生活的家园，到另一个陌生的地方去开始未知的生活。但大部分项目开发的补偿标准是由政府和项目开发单位制定的，有些没有充分考虑到民众的实际诉求。对这些民众而言，拆迁补偿标准往往太低，不足以弥补他们所遭受的损失，有的民众在搬迁后缺乏谋生的能力，又失去了原有的土地，成为"无地可种、无正式工作、无社会保障"的流民。在切身利益受到较大损害的情况下，这些群众必然产生巨大的心理落差，从而产生不平衡心态，要求对自己的损失进行弥补，因而产生参与人数巨大的群体性事件，对社会秩序造成了一定影响。

二 深层原因

根据郑杭生等人对中国社会状况的总体判断，我国当前正处于经济结构加速转型，而社会结构和政治结构明显滞后的阶段。现阶段我们出现的大部分问题都可以用这一原因加以解释，这也是环境群体性事件的根本原因。如我国乡镇企业近几十年来快速发展，但针对乡镇企业的立法尚不完善、针对乡镇企业内部维权机制的设置还基本处于空白；再如近些年各地政府引进各种大型项目，但民主协商制度尚不完善，未能确保民众的有效参与；还有在现代化、城镇化的快速发展过程中，各地政府征用了大量农地，但对于土地的补偿标准及移民的拆迁安置则没有相应的民主协商过程和利益协调机制，政治结构和社会结构的滞后导致在经济上处于强势的集团占据更多的社会资源和政治权力，导致了环境不公正，从而导致环境群体性事件的多发。

1. 社会协商制度的缺乏

社会协商制度指的是在相对平等的利益主体之间，就某些涉及双方利益或多方利益的共同问题进行平等对话，明确各方利益诉求，协商解决相关问题的社会制度安排。从我国现有的社会状况来看，在公共生活领域各个社会阶层之间的协商制度还远未建立，社会阶层之间的对话与协商还需要加强。从企业污染导致的环境群体性事件来看，企业污染行为已经构成了对周边民众的权利侵害，如果企业和民众能够平等对话、互相协商，企业对自身的污染行为进行纠正并承担赔偿责任，则民众的诉求就基本得到了满足，而不必再诉诸政府部门来解决。但目前的情况多是，在企业和民众之间缺乏协商对话的平台和空间，企业很少将自己看作社区或村庄的成员，只是想尽快获得利润，因此，采取加大污染、不顾周边民众利益的短期行为。

协商制度的缺乏直接导致了民众的合理诉求没有正常渠道表达，在法律许可的限度内，他们采取向政府部门上访、反映等方式，但根据我们现有的信访规定，信访部门接访后往往只是记录、备案，而不能召集当事各方进行平等协商，不能在当事主体之间形成沟通交流的良性互动，导致环境污染问题一拖再拖，民众的合理诉求无法达成，最终酿成企民冲突的恶性循环。

2. 利益协调机制的缺乏

"在人均国内生产总值超过 1000 美元以后，中国的发展进入一个新的阶段，各种利益关系变得更加复杂，利益矛盾和冲突变得更加明显。"[①] 但面对这一新形势，我们尚未形成较为完善的利益协调机制。利益协调机制是指在当前利益诉求多元化的现实条件下，在全局利益和局部利益、集体利益与个人利益之间的平衡和协调。在功利主义的视阈下，为了增进社会的整体利益，可以牺牲一小部分人的合法权益，我们过去的不少决策是在这一价值取向下进行的。功利主义取向将少数人的牺牲看成理所当然的，

---

① 俞可平：《敬畏民意——中国的民主治理与政治改革》，中央编译出版社 2012 年版，第 115 页。

认为可以通过思想政治教育的方式来解决利益问题。但是，从社会正义论的角度来看，每个公民的合法利益都应该受到尊重和保护，每个个体的合法利益都拥有不被非法侵害的法定权力。这是维持社会公正的必要条件，是维持社会良性运行的必要条件。

在某些大型项目的拆迁征地过程中，补偿的标准和拆迁的程序基本是由政府部门和项目开发单位决定的，有时聘请专家参与补偿标准的论证，但鲜有受影响群众参与相关过程的案例。在这种条件下，决策方往往考虑的是较快的工程进度和较少补偿金额，被补偿主体的利益诉求几乎处于被忽略的状态。民众对自己赖以生存的土地和家园几乎没有自由处置的权力，在所谓的全局利益和集体利益面前，他们的合法利益几乎无法伸张。在这种利益协调制度缺失的情况下，有些项目开发单位借集体之名行掠夺之实，借开发之名剥夺民众的合法财产，这些做法正在受到越来越强烈的反抗和抵制。

3. 民主决策程序的缺失

民主决策是社会主义政治的基本要求，是保证决策科学化的基本条件。只有实行民主决策，才能真正做到以人为本，才能真正体现社会主义制度的价值追求。可以说，民主决策是社会各阶层利益协调的基本条件，是实现社会团结和谐的基本条件，也是使群众拥护各项决策的基本条件。中华人民共和国成立以来，我们在决策的民主化方面不断进行探索，取得了长足进步。我们实现了从个人决策到集体决策的转变，并且制定了民主决策的若干规定。但在某些地区的实际决策过程中，还存在大量精英决策、"替民做主"的现象，民主决策程序没有落到实处。

如在环境群体性事件中反复出现的民众对 PX 项目的强烈反对，主要原因是有关部门民主决策程序的缺失。当地政府部门出于发展经济或解决能源紧张的考虑，在没有进行充分的民意调研、没有进行有效民主协商的基础上，引进 PX 项目或其他有可能造成环境污染的项目，其基本出发点是发展经济的良好愿望，但这些决策是在当地民众不知情的情况下做出的，并没有经过各阶层民众的充分讨论，没有充分落实民主决策的有关要求，所以当民众在得知相关情况后，出于对环境风险的担忧和对自己知情权的主张而采取抗议。

4. 风险分担机制的缺乏

风险是有可能到来而还没有到来的危险，现代社会由于不可控因素的增多，已成为一个典型的风险社会，我们无法完全避免各类风险。风险分担机制是建立在对风险社会的基本判断基础上的，以风险客观存在为前提认知的，由社会各阶层在公平、平等基础上对风险进行分担的机制。但在风险社会的大背景下，我们还较为缺乏一个理性、公平的风险分担机制，在风险分配方面基本还是体现出了贝克所概括的"利益向上、风险向下"的分配特点，将环境风险不合理地让社会的弱势群体来承担。

如我国当前的垃圾产生量十分巨大，垃圾处理问题成为若干地区面临的紧迫问题。但垃圾如何处理？垃圾焚烧场是否安全？如何规避垃圾焚烧过程中产生的二噁英等致癌物质？如果垃圾焚烧一定伴随环境风险，那么社会各阶层如何分担风险？怎样分配风险才是合理的？上述这些问题都指向了风险分担机制。在环境风险日益增多的情况下，我们尚未形成一种较为理性的风险分担机制，这势必会带来一系列的问题。如在各地的垃圾焚烧厂选址过程中，决策者往往遵循"最小抵抗路径"，将厂址选在大中城市的郊区或城乡结合部，但这种选址方式显然有失公正，城市中心的人群制造了大量的废弃物而不必承担垃圾处理的后果，垃圾焚烧设施周边的民众却要承担这个城市甚至其他地区的垃圾处理负担，而且部分决策者并没有充分考虑这一决策给民众带来的环境风险，也很少考虑到对民众所承担的风险予以补偿。因此，在这种不公正的风险分配机制之下，民众奋起捍卫自己的环境权益也是情理之中的事情。

第三节　从环境群体性事件看环境弱势群体的诉求

毋庸置疑，环境群体性事件是社会冲突的表现形式，是社会治理存在某些问题的警示。从消极的方面来看，环境群体性事件破坏社会的正常秩序，对地方政府的形象产生了一定的负面影响，给地方治理带来了一定的困难。但从积极的方面来看，任何一个民主、开放的社会都会存在社会冲突，而一个专制的、压制型的社会表面看起来往往非常平静。笔者认为，环境群体性事件的出现在某种程度上是社会民众权利意识增强的结果，也是公民社会进一步发育的结果。如果我们能认真分析这些事件中表现出来的群众诉求，那么，环境群体性事件就可以为社会治理方式的创新提供契机，对我们改进社会治理方式、完善政治结构均具有重要的启示意义。

就广义的环境弱势群体的范畴而言，所有环境群体性事件的发起主体都是环境弱势群体。如参与反对 PX 项目和垃圾焚烧项目的城市居民、抗议强加在自己身上的环境污染的村镇农民、反对对自己合法利益加以剥夺的拆迁群众等。他们多是污染企业周边的农民、居民或大中城市郊区的普通民众，在政治上处于无权地位、在经济上处于弱势地位、在社会建设中处于被动的防御地位，当地政府的重大决策很少吸收他们的建议。但就自身处境的层级而言，污染企业周边居民是受害程度最深的，其次是切身利益受到侵害的拆迁安置民众，再次是大中城市的某些市民。环境群体性事件基本都是在这些群体的合理诉求被忽视、合法维权途径不能奏效的情况下产生的，所以，满足环境弱势群体的基本诉求是减少乃至避免环境群体性事件的首要条件，也是维护环境弱势群体利益的基本要求。综观这些环境群体性事件，环境弱势群体的诉求基本有如下几个方面。

一 停止环境侵权

"环境侵权是由于人为活动导致环境污染、生态破坏，从而造成他人的财产或身体健康方面的损失的一种特殊侵权行为。"[1] 在所有因环境污染引发的群体性事件中，污染企业并没有直接对周边民众进行侵害，但是它们对环境的恶意破坏，使得依赖于该环境的群众遭受了损失，这就是典型的环境侵权，即由于对某些群体所依赖的环境造成污染，进而影响到相关群体的生活质量和生存权利。环境侵权具有间接性和隐蔽性，并且破坏的是作为公共产品的环境，目前我国的环境法对恶意的排污作出罚款规定，但尚未充分考虑到恶意排污对周边民众的影响。

在由于环境污染诱发的环境群体性事件中，停止侵害是首要的也是基本的诉求，并且是污染企业必须做到的最低限度的要求。民众不到忍无可忍的情况是不会采取非法方式进行维权的，只有在污染企业确实对自身的健康和生存造成了危害的情况下，民众才会铤而走险，违法维权。而无论是从人道主义的最低要求来看，还是从社会主义制度的基本目标来看，污

---

① 曹明德：《环境侵权法》，法律出版社 2000 年版，第 9 页。

染企业对群众的环境侵害已经侵犯到民众的基本生存权利，是一种明显的非法侵害，作为社会管理者的政府必须予以制止，保障公民的健康不受非自愿的侵害。如果我们的某些政府部门连这一底线都不能守住，而完全沦为资本的附庸，彻底地倒向了金钱和利益的旋涡，一味偏袒污染企业，那么政府的合法性就无从谈起。

二 合理分配环境风险

在全球环境危机的大背景下，环境风险是各国普遍面临的公共问题之一。我国在城镇化和工业化的双重驱动下，当前和今后一个时期也必将处于高环境风险的状态。而随着生态文明理念的宣传和普及，随着民众环境意识的增强，人们对环境风险的识别能力越来越强，对环境风险的规避意识也越来越强，要求合理分配环境风险的呼声越来越强烈。在我们所见的环境群体性事件中，因为不合理的环境风险分配而引发的不在少数，并且可以预见，随着环境非政府组织的发展和民众环境意识的高涨，这类事件还会呈增长势头。

风险共担、利益共享是我们社会建设的基本目标，也是社会和谐发展的必要条件。对于不可避免的环境风险，否认和回避都是不明智的。明智的做法是承认风险的客观存在，在全社会讨论风险分配的基本原则，从制度设计的层面平均分配社会各阶层承担的风险，而不能总是让弱势群体处于不成比例的承担状态。对于必须承担环境风险的群体，给予必要的补偿，提供充分的风险管控保障，坚持风险与收益的平衡。

三 合理进行开发补偿

开发补偿标准偏低，补偿款项被基层政府截留、挪用等问题是引发群体性事件的另一诱因。如在四川汉源瀑布沟水电站的开发补偿过程中，对民众的补偿标准使用的是 14 年前的标准，没有充分考虑到通货膨胀、物价上涨等经济因素；在贵州瓮原的构皮滩水电站项目补偿中，群众的土地面积、房屋面积的丈量存在缩水现象，置换的土地质量也明显不如以前；在山东济宁十里营的压煤搬迁过程中，乡镇政府对补偿款的截留、挪用等，都使民众的合法权益受到了侵害，未能做到对民众的损失进行合理补偿，是对社会公平的违背，引起了群众的强烈不满，由此引发大规模的抗议行动。

在各类大型项目开发或工矿企业生产造成的搬迁中，民众的损失不仅包括土地房屋、家具等生产生活资料，还包括家园的丧失等精神寄托，它影响了民众正常的生产节奏和生活节奏，影响了民众原有的人生规划，影响了民众的社会关系和亲缘关系，给群众造成的影响是巨大的。项目开发中对民众的拆迁补偿，应该本着立足当下、着眼未来的原则，不能让民众吃亏，不能让支持国家政策的群体吃亏，要对民众的损失进行完全补偿，既包括物质层面，也包括精神层面。

四　赋予公民知情权和参与权

公民的知情权和参与权是社会民主程度的试金石，是我们社会主义国家一直努力追求的政治目标。在政府决策过程中，能否吸收民众的合理意见，关系到群众的切身利益和生活质量，也关系到社会的整体和谐。但在各地政府进行招商引资的过程中，在各类项目的引进中，在某些"邻避设施"的选址过程中，民众几乎都处于不知情的状态，等到工厂开始投入生产了，或者由于某些突发因素这些项目被发现了，民众才发觉自己的知情权和参与权都没有得到尊重和体现，这是诱发某些预防性群体性事件的重要原因，由于民众的极力反对，政府只好取消早已运行的某些项目，而先期进行的巨大投入都损失殆尽。

所以，在环境决策方面，对民众知情权和参与权的尊重和引导，是避免环境弱势群体权益受损的重要措施，它要求慎重对待可能对群众生产、生活产生重大影响的环境决策，宁肯步伐缓慢一些、程序烦琐一些，也必须走民主决策的程序，认真倾听群众的建议和意见，尊重群众的选择，真正让群众参与到决策中，这是我们在环境决策方面亟须完善的。

第五章　环境弱势群体权益保护的国际经验

环境弱势群体是我们对在环境问题中处于弱势地位的社会群体的统称，根据它的实际所指含义，各国都不同程度地存在环境弱势群体。所以，如何保护环境弱势群体，尽力避免他们在各项环境政策中的不利地位，是世界各国面临的一个普遍问题。在环境弱势群体的权益保障方面，发达国家和一些发展中国家都进行了某些探索，提供了一些可供借鉴的国际经验。本章我们将简要梳理国际社会的相关经验，以便为我们的相关工作提供某种借鉴。

第一节　基本原则

一　健康优先原则

近代以来，各国的工业企业在其发展过程中对环境产生了较大的破坏作用，也对环境弱势群体的生活质量和生存权利造成了一定的危害。数量众多的环境侵害和环境群体性事件因企业而起。所以，如何协调企业与民众的关系就成为摆在各国面前的一道难题，而破解这一难题的关键在于如何在企业利润和公民健康之间进行抉择。在这一困境面前，国际社会通过相关法律确认了健康优先的原则，为我国处理相关问题提供了抉择参考。

美国于 1969 年制定了《国家环境政策法》，规定了联邦政府所有机构的环保责任，要求所有机构在进行决策时要充分考虑到环境因素。尤其是该法的第 101 条明确规定："确保所有美国人享有安全、健康、富饶及文化和艺术方面都令人愉快的环境。"① 1970 年，美国又颁布了《清洁空气法 1970 年修正案》，由于该法案由当时的参议员埃德蒙德·马斯基（Edmund Muskie）提出和推动制定，因此也被称为《马斯基法案》（Muskie Act）。与前一年的《国家环境政策法》相比，《马斯基法案》大幅度提高了联邦政府和各州在环境保护方面的权威和责任，创立了在联邦政府领导下各级政府合作的空气污染控制体制。然而它最重要的意义在于确立了公民健康优先的基本原则，健康优先原则被认为是该部法案的宗旨。如该法第 112 条针对那些可能导致增加死亡率和严重疾病的危险空气污染物，规定了全国统一的排放标准；该法第 109 条责令联邦环保总局局长针对威胁公共健康和公共福利的空气污染制定一个《全国环境空气质量标准》；该法第 107 条（a）规定：各州将具有首要责任，确保本州全部地理区域内的空气质量。② 尽管《马斯基法案》由于过于严格的技术要求而被推迟执行，但它对公共健康的重视和保护，确立了公民健康优先于经济发展和企业利润的价值理念，具有重要的开创意义。

1974 年，日本仿效美国在汽车尾气排放方面的标准，制定了与《马斯基法案》同等标准的限排法规，并且运用行政管制的力量将其强制执行，率先将公民健康优先这一原则加以落实，为民众健康的保护提供了范例。日本著名经济学家宫本宪一曾将 20 世纪 70 年代日本环境政策的最大贡献概括为："并未采取从经济学的角度确定环境标准的最适污染点的做法，而是确立了依据使正常人不产生健康障碍为基准而确定环境标准阈值的思想。"③

可以说，健康优先原则确立了国家和社会发展的基本价值理念，那就是把民众的健康放在一切发展的首位，任何经济发展和企业利润的追求都不能违背这一原则。这对于纠正我国部分地区唯 GDP 至上的发展观具有重要意义，对于当前我国的环境弱势群体的权益保护具有重要意义。

① ［美］罗杰·W. 芬德利、丹尼尔·A. 法伯：《环境法概要》，杨广俊、刘子华、刘国明译，中国社会科学出版社 1997 年版，第 16 页。

② 同上书，第 60 页。

③ ［日］宫本宪一：《环境经济学》，朴玉译，生活·读书·新知三联书店 2004 年版，第 203 页。

二 污染者付费原则

污染者付费原则（Polluter Pays Principle，PPP）也称污染者负担原则，是国际环境法普遍公认的一个基本原则，这一原则的核心就是要求所有的污染者都必须为其造成的污染直接或者间接支付费用。污染者付费原则之所以成为国际性的政策原理，主要是由于经济合作与发展组织（Organization for Economic Co-operation and Development，OECD）的倡导和推动。OECD 于 20 世纪 70 年代提出了"关于环境政策的国际经济方面的指导原理"和"关于实施污染者负担原则的理事会建议"，其主旨在于制定"合理分配环境资源的环境政策，同时也是使各国的负担均等，即谋求平等市场的贸易政策"①。OECD 提出 PPP 原则后，迅速成为各国际组织或国家制定环境法的原则，但各国在执行这一原则的过程中基本都是出于经济的考虑——污染治理的费用应该由污染者承担——而不应由国家和公众普遍承担——而对污染受害者的补偿则体现得不够充分。

日本对 PPP 原则进行了重要的创新和深入运用，在环境弱势群体的救助和补偿方面贯彻 PPP 原则，在公害防治和健康补偿方面积累了很多独特的经验。如果追溯其历史，日本早在明治末年就基本确立了污染者负担原则，而且负担的范围远远超过了经合组织的界定。如"污染者必须负担受害者救济、污染源对策、工厂选址、对污染地区的农田等土地的收买及恢复污染的农田等范围内的公害对策所需的费用"②。但是这一传统在战争中被中断了，第二次世界大战以后日本经济高速增长，工业迅速发展，同时产生了若干公害事件，引发了受害者诉讼等激烈的社会争端。因而 OECD 提出的 PPP 原则作为解决公害问题的基本原理，迅速被体现在相关法律规定中。

1973 年，日本制定了《公害健康受害补偿法》，该法是贯彻 PPP 原则对污染受害者进行救济的典范。该法规定对排放污染物质的事业者（污染者）强制征收"赋课金"，用于对污染受害者进行补偿。国家向污染者征收的费用成为"赋课金"，赋课金分为"污染负荷量赋课金"和"特定赋

---

① ［日］宫本宪一：《环境经济学》，朴玉译，生活·读书·新知三联书店 2004 年版，第 234 页。
② 同上书，第 242 页。

课金"两种，前者根据污染物质的排放量征收，后者针对引起特异性疾病的污染单位征收。① 健康受害补偿法开创了向污染者强制征收赋课金以补偿受害者的做法，对其他国家环境弱势群体的救济具有很大的启发意义。此外，宫本宪一还进一步指出："PPP 原则也需要建立动态的观点，不能仅以静态的均衡的观点收取税金，而应该站在彻底维护人权的立场上征收税金，并且为了减轻沉重的公害损失而进行技术开发，改变不合理的产业结构和地域结构。"② 这是对如何更加合理地运用 PPP 原则的深入思考，值得我们借鉴。

三　风险预防原则

在科学技术加速发展、工业化程度不断提高的国际大背景下，全球所面临的环境风险日益增多，对公众健康产生威胁的可能因素层出不穷，风险预防原则（Precautionary Principle）应运而生并被国际社会广泛接受。风险预防原则也称风险防范原则，其主要观点是即使在缺乏充分的科学确定性证明人类的行为会损害环境的情况下，也应采取措施预防可能的环境风险。一般而言，风险预防原则有"强""弱"两种层面的主张，"强风险预防原则"坚持除非证明一种行动不会产生危害，否则不应该采取这一行动；"弱风险预防原则"则认为缺乏科学上的确定性不应成为不采取预防措施的理由。当前大部分学者和国际法律规定中主要采纳了弱的风险预防原则。

风险预防原则的精神内核是主张在环境政策方面采取更为谨慎的态度，而不是激进和粗放的态度。一般认为，风险预防原则主要发源于瑞士和德国的国内环境立法，1969 年瑞士的《环境保护法》和 1970 年的德国《清洁空气法草案》中都对该原则进行了阐述；1984 年的《伦敦宣言》第一次系统论述了风险预防原则，这是该原则首次出现在国际文件中；此后，1987 年的《特利尔议定书》，1991 年的《巴马科公约》，1992 年的《跨界水道公约》《生物多样性公约》《里约宣言》，1997 年的《京都议定书》等国际环境规约中都运用了风险预防原则。

---

① 相关内容参见［日］原田尚彦《环境法》，于敏译，法律出版社 1999 年版，第 52—57 页。
② ［日］宫本宪一：《环境经济学》，朴玉译，生活·读书·新知三联书店 2004 年版，第 248 页。

当前国际社会对风险预防原则运用最为广泛的当数欧洲联盟，欧盟在一系列行政法规中都鲜明地体现了风险预防原则，提供了运用这一原则预防对公众健康危害的若干经验。1992 年，欧共体各国签订的《马斯特里赫特条约》对共同体的环境政策高度重视，其中第 130r 条明确规定了欧共体环境措施的目标，包括保持、保护和促进环境质量，保护人类的健康等。该条第 2 款列举了共同体环境政策的六项原则，其中第二项原则即是风险预防原则。它这样描述预防原则："即使没有得到最终的证据，仍然应当采取措施。"① 2000 年，欧盟委员会发表了《关于风险预防原则的公报》，欧盟理事会通过了《关于风险预防原则的决议》，对在何种情况下运用风险预防原则提供了指导性意见。"欧盟认为：'当有不确定的科学证据显示，有合理的理由相信或者对于环境和健康问题应当予以足够的关注，或者对于环境、动物或者植物健康存在潜在危险，而且这种危险可能与欧共体选择的高水平的保护水准不一致时'，欧盟可以使用风险预防原则来解决此类问题。"②

风险预防原则不但对预防重大环境突发事件和维护代际公平具有重要意义，该原则还对代内环境公平，尤其是当代人环境利益的协调和平衡具有重要意义。根据这项原则，当政府部门作出某项环境决策时，应该充分考虑到决策可能给民众带来的风险，并在风险评估的基础上采取某些预防措施，而不应以尚无科学上的确定性为由拖延采取行动。"从行政法学的视角来看，风险预防原则涉及存在科学不确定性的环境之下，行政机关如何作出理性的行政裁量的问题。"③ 如果行政机关未对环境决策的可能风险采取某些预防措施，民众可以从行政追责的角度进行起诉，这在客观上有助于政府部门切实采取措施规避环境风险，有利于减轻环境弱势群体承担的环境风险。所以，"风险预防原则并不仅仅在决策中发挥作用，它同时也经验地介入了与决策相关的责任问题，或者由于决策的缺乏而构成的已实现的损害的原因和证明"④。

---

① 高家伟：《欧洲环境法》，中国工商出版社 2000 年版，第 30 页。
② 高秦伟：《论欧盟行政法上的风险预防原则》，《比较法研究》2010 年第 3 期。
③ 同上。
④ 彭峰：《法典化的迷思——法国环境法之考察》，上海社会科学院出版社 2010 年版，第 154 页。

四 赤道原则

"赤道原则（the Equator Principles，EPs）是一个旨在确定、评估和管理项目融资交易中环境和社会风险的信用风险管理框架。"[①] 它是由国际金融公司和荷兰银行、花旗银行等世界主要金融机构基于国际金融公司的保障政策以及污染防治和消除的指导方针，倡导建立的一套自愿性的金融行业基准，旨在管理和发展与项目融资有关的社会和环境问题，其实质是金融机构在项目融资中需要遵守的环境准则。赤道原则是在西方社会企业社会责任运动的大背景下产生的，环境 NGO 和其他社会组织在与污染企业做斗争的过程中，认为为这些企业提供资金支持的金融机构也是"帮凶"，这使得一些金融机构面临巨大压力。世界金融机构为了规避投资风险、敦促企业履行社会责任，于 2002 年酝酿制定赤道原则，并于 2003 年正式实施（EPI），2006 年经历了一次较大修订（EPII），2013 年又进行了第二次修订（EPIII）。赤道原则不断完善，"旨在确保被资助的项目承担社会责任和反映环境管理实践要求"[②]。根据 equator-principles 官方网站提供的信息来看，目前全球已有 79 家金融机构采纳了赤道原则，成为赤道原则金融机构（EPFIs），[③] 赤道原则已经成为国际金融业评估与管理环境和社会风险的项目融资标准。

赤道原则重视对提供融资项目的环境影响，注意项目建设所在区域民众的意见，并在这方面做出了若干详细规定。2006 年修订的第二版赤道原则（EPII）突出了对申请融资的项目的环境评估，对于企业自觉履行社会责任和减少对项目所在区域的不良影响具有重要作用。该原则将申请融资的项目分为 A、B、C 三类，对社会或环境产生显著不良影响的系 A 类项目；预计有某些不良影响但可通过某些措施减轻影响的为 B 类项目；对环境影响轻微或无不良影响的为 C 类项目。赤道原则要求对全部 A 类项目和部分 B 类项目实行公开征询意见制度和信息披露制度，指出"项目方应将项目的重大不利影响优先通知被征询方（受影响的社区），并及时通知相

---

① *About The Equator Principles*，www. equator-principles. com，最后访问日期：2014 年 3 月 28 日。
② *The Equator Principles*，June 2013，www. equator-principles. com，最后访问日期：2014 年 3 月 28 日。
③ *Members & Reporting*，www. equator-principles. com，最后访问日期：2014 年 3 月 28 日。

关的参与方。所有的征询程序和结论应在 AP（行动规划——笔者注）中记录在案"①。在2013年6月4日生效的第三版赤道原则中又进一步细化了相关规定，如对"社会和有关人权的尽职调查；在特定的情况下'自由事先知情同意'；将人权置于首位等"②。

赤道原则"倡导金融机构对于项目融资中的环境和社会问题尽到审慎性核查义务，只有在融资申请方能够证明项目在执行中会对社会和环境负责的前提下，金融机构才能提供融资"③。它所规定的公开征询意见制度和信息披露制度，从制度上保证了项目受影响社区居民参与权和知情权，避免了对某些社区进行非意愿性的项目建设，充分保障了环境弱势群体的权益，对我们制定相关政策具有重要的启发意义。

第二节　具体政策

一　健康受害补偿

由于环境侵害后果显现的滞后性和侵害主体的多元性，受害群体往往很难通过法律索赔获得相应赔偿，这就需要国家从整体层面进行协调部署，对受害群体给予帮助。日本在对受害群体进行的健康受害补偿方面立法较早，具有里程碑式的重要意义。日本在20世纪中期产生了严重的环境公害，污染企业周边民众大量患上水俣病、痛痛病、哮喘病等公害病，相关诉讼层出不穷，社会矛盾非常突出。为了解决这一问题，日本自1967年至1973年，针对公害赔偿问题制定和修改了包括《公害对策基本法》《公害救济法》《公害控制法》《公害防止事业法》《公害健康受害补偿法》

---

① 陶玲、刘卫江：《赤道原则：金融机构践行企业社会责任的国际标准》，《银行家》2008年第1期。

② *The Equator Principles III – 2013*，www, equator-principles. com，最后访问日期：2014年3月28日。

③ 唐斌、赵洁、薛成容：《国内金融机构接受赤道原则的问题与实施建议》，《新金融》2009年第2期。

等在内的 16 部法律，^① 制定了对受害群体进行补偿的若干措施。

《健康受害补偿法》是一种限定对象地区、疾病、居住条件的救济制度。

具体而言，日本在全国范围内划定了公害病多发的指定区域，对指定区域内符合条件的特异性疾病患者（没有污染不会发生的疾病，如水俣病、痛痛病、慢性砷中毒等）和某些非特异性疾病患者（没有污染也会发生的疾病，如哮喘病等）进行救济，凡是在指定区域居住一定时间以上而患指定疾病者，其因果关系不作个别追究，政府给予迅速救济；对非特异性疾病的救济，则需经过地方政府的认定。对受害群体补偿给付的内容，主要包括以下 7 种：（1）医疗给付及疗养费，被认定为公害病的患者，可以在被指定为公害医疗机关的全国各医院免费接受公害医疗；（2）残疾补偿费，对认定患者根据其残疾的程度给予残疾补偿费；（3）遗属补偿费，认定患者因公害病死亡时，在一定期间内支付给其遗属维持生计的费用，金额相当于平均工资的七成；（4）一次性遗属补偿；（5）儿童补偿津贴，认定患者未满 15 岁的，按照疾病的等级向其养育者支付一定的金额；（6）医疗津贴；（7）丧葬费。^②

日本的健康受害补偿制度的意义主要体现在三个方面：一是该制度目的在于给予民众迅速的救济，省去了大量司法诉讼的时间和资金，使得国家可以把有限的资金用于最需要帮助的人，而不是像某些国家那样，让律师和司法人员分割了大量的资金。二是政府向污染企业征收"赋课金"，用于对受害者的补偿，从宏观上维护了环境正义，让加害者负起应担的社会责任，体现了政府有效追责的能力，增强了政府的权威和公信力。三是政府出台了具体而人性化的补偿措施，对受害群体的损失给予全面补偿，使得环境诉讼大量减少，社会矛盾得以缓解，有利于社会的稳定。

二　超级基金制度

超级基金（Super Fund）也被称为"危险物质信托基金"，是美国政府在处理有害废弃物的责任追溯和损害赔偿等问题上的一项创举。这一制度

---

① ［日］原田尚彦：《环境法》，于敏译，法律出版社 1999 年版，第 14—15 页。
② 同上书，第 54—55 页。

的诞生与拉夫运河（Love Canal）废弃物公害事件是密不可分的。拉夫运河是位于纽约州郊区的一条废弃的运河，1942 年胡克化学公司购买了这条运河，并在其后的 11 年中向河道倾倒了 2 万多吨化学物质，并将这条充满有毒废弃物的运河填埋，又以 1 美元的价格卖给了当地教育委员会，在这片土地上建了小学，后遂逐渐形成了拉夫运河小区。从 1977 年开始，小区居民不断发生各种怪病，孕妇流产，儿童夭折，婴儿畸形、癫痫、直肠出血等病症频频发生。经过调查得知事实真相的居民游行示威进行抗议，要求政府进行调查并采取相应的措施。

拉夫运河事件轰动全美，美国政府紧急宣布该地区为"环境灾难区"，并对近 700 户人家实行暂时性的搬迁。此后，相关调查表明，类似于拉夫运河这样的简易危险废弃物填埋场在美国有上千个。迫于这种现实压力，美国政府于 1980 年出台了著名的超级基金法，该法的全称是《综合环境反应、赔偿和责任法》（*The Comprehensive Environmental Response, Compensation and Liability Act of* 1980）。超级基金法对于美国危险废弃物的信息收集与分析、危险废弃物处理的特别权限、治理基金以及责任追溯都进行了详细规定，尤其是开创性地建立了针对有毒危险废弃物的信托基金，为其他国家处理类似问题提供了经验。

超级基金法规定，美国从国家层面募集超级基金，用于资助对危险废弃物的清理和部分赔偿。"超级基金的初始基金为 16 亿美元，主要来源于两个方面：一是来自对石油产品和某些无机化学制品的行业征收的专门税，共有 13.8 亿美元；二是来自联邦政府拨款，共有 2.2 亿美元。1988 年在《超级基金修正与再授权法》中，将这一基金增加到 85 亿美元。"[①] 超级基金建立之后，环保部门可以运用这一基金"实施包括消除有害物质在内的紧急对策，以及挖掘有害物质，实施净化、恢复措施，或者进行替代上水供应，甚至组织居民避难，而实施这些措施的费用先由上述基金提供，而后向责任当事人请求赔偿"[②]。超级基金法还规定，如果相关责任者拒不履行相关清理责任并采取相应措施，可以对其征收应付费用的 3 倍以内的罚款，开创了在环境领域征收惩罚性赔偿金的先河，对于遏制恶意的

---

① 汪劲、严厚福、孙晓璞：《环境正义：丧钟为谁而鸣》，北京大学出版社 2007 年版，第 328 页。

② ［日］宫本宪一：《环境经济学》，朴玉译，生活·读书·新知三联书店 2004 年版，第 253 页。

环境破坏行为具有重要意义。

超级基金制度建立了从国家层面募集环境基金的做法，运用联邦政府的力量来应对环境问题，有效解决了危险废弃物清理所需的巨额资金问题，便于对危险废弃物迅速进行清理，可以有效控制环境局势的恶化。另外，对于受危险废弃物危害的民众，如果无法确定责任者，基金也可以对受影响的民众先行赔付，事后再向责任者进行追缴，这一做法体现了行政赔偿的原则，在一定程度上可以弥补受影响民众的损失，缓解了因为环境恶化引发的社会矛盾，有利于控制环境风险的进一步扩大。

三　环境责任保险制度

环境责任保险（Environmental Liability Insurance）于20世纪60年代诞生于美国、德国、法国等西方主要工业化国家，经历了半个多世纪的发展，已经成为国际社会比较成熟的险种之一。关于环境责任保险的概念界定有多种不同的观点，有的强调其保险标的；有的强调发展该保险的目的、有的强调对第三方的赔偿责任等。结合国际社会环境责任保险的发展历程，综合学界已有的定义，我们可以将该险种界定为：环境责任保险是在环境污染事故频发、环境风险加大、污染责任者难以承担巨额赔偿、污染受害者较难获得及时赔偿的形势下发展起来的，以被保险人因污染环境而应当承担的环境赔偿或治理责任为保险标的的，意在分散工商企业环境风险、及时赔偿污染受害者损失的保险种类，具有社会性和公益性的双重特点。

由于各国法律传统和保险制度的差异，不同国家的环境责任保险制度也有较大差异，并且随着各国环境形势的变化，各国环境责任保险制度在承保机构、保险方式、保险范围、赔偿范围、赔偿金额、保险费率、索赔时效等方面都在不断完善。从承保机构来看，国际社会目前存在三种主要类型："一是美国式的专门保险机构。二是意大利式的联保集团，即1990年成立的由76家保险公司组成的联合承保集团。三是英国式的非特殊承保机构，其环境侵权责任保险由现有的财产保险公司自愿承保。"① 从承保机构的发展趋势来看，各国越来越倾向于发展联合的承保机构，以便应对

---

① 别涛：《国外环境污染责任保险》，《求是》2008年第5期。

不断增大的赔偿和治理金额。从保险方式来看,在强制保险和自愿保险的组合方式上主要有三种模式:一是以美国、瑞典为代表的强制保险模式;二是以德国为代表的强制保险与财务保证或担保相结合的模式;三是以法国和英国为代表的以自愿保险为主、强制保险为辅的模式。从保险方式的发展趋势来看,强制保险的范围不断增大,涉及的工矿企业种类不断增多,各国的强制保险都在不断增强。从保险范围来看,各国从最初只承担偶然性、突发性的环境污染事故发展到逐步承担渐进式的、反复性的环境污染情形,保险的范围不断扩大。从赔偿范围来看,各国相继把故意造成的环境污染排除于保险责任范围之外,并严格限定赔付金额。从索赔时效来看,由于环境侵权后果显现的滞后性,各国规定的索赔时效普遍较长,如美国根据所谓"日落条款",将索赔时效规定为自保单失效之日起30年的时间。

环境责任保险制度有效分担了工矿企业环境污染带来的巨大损失,并且可以克服因污染企业破产而导致的受害者无处索赔的问题,对工矿企业和受影响民众都提供了强有力的保障,是保险制度的重大创新,也是国际社会应对环境风险的主要手段。从环境弱势群体权益保障的角度来看,该制度可以保证对环境弱势群体所受损失的赔偿,有效改善他们的处境,有利于解决工矿企业污染带来的社会问题,有利于缓解社会矛盾,是一种互利、多赢的制度设计。

四　公众参与制度

公众参与,也称公民参与、公共参与等,是政治民主化的必然要求,是西方学者所提出的"参与式民主"(Participatory Democracy)和协商民主(Deliberative Democracy)的必备要件,是当代西方政治生活中民主发展的一个新阶段。俞可平教授认为:"公众参与,就是公民试图影响公共政策和公共生活的一切活动。"[①]这是从公民主动参与的角度而言的,是从较为宽泛的角度看待公民参与的多种形式。如果从政府部门的决策要求来看,公众参与则是指"公共权力在作出立法、制定公共政策、决定公共事务或进行公共治理时,由公共权力机构通过开放的途径从公众和利害相关的个

---

① 俞可平:《公民参与的几个理论问题》,《学习时报》2006年12月18日第5版。

人或组织获取信息、听取意见，并通过反馈互动对公共决策和治理行为产生影响的各种行为"①。本书所讨论的公众参与，主要是指政府部门在环境立法和环境决策等方面对公众意见的尊重和汲取等。

从国际社会环境法的规定和环境决策的具体过程来看，公众参与经历了从原则性到制度化、从低制度化到高制度化的发展历程。公众参与原则主要包括四项内容："1. 获得公共机构拥有的信息；2. 参与决策程序；3. 唤起对环境问题的公众意识；4. 通过司法和行政程序，获得赔偿或者救济。"② 为了促进公众参与，近年来各国相继出台了一些具体的程序要求和制度安排。如尼日利亚 1992 年的《环境影响评价法令》规定了环境影响研究的公众评议和公众听证制度；尼泊尔 1993 年的《国家环境影响评价指导纲要》规定，环境影响评价报告书的草案必须提交公民审查和评议；乌干达 1995 年制定的《环境法》规定，在"国家环境管理局指导委员会"中应当有环境非政府组织的代表，提高公众意识，通过已建立的地方制度让公众在地方一级参与决策的实施等。③

在推动环境问题的公众参与方面，法国政府制定了若干细化措施，独具特色，值得借鉴。法国规定了"公众调查"程序和"公众辩论"程序，保障公民对环境决策的有效参与。关于公众调查程序，法国的环境法典进行了具体规定："环境保护领域的公众调查的目标是告知公众，收集他们的喜好、建议以及反对意见，然后将其作为影响评价的反对意见。"④ 其具体程序是各大区具有独立地位的调查特派员组成调查委员会，按照法律规定进行调查，在总结公众意见的基础上写出报告，有关部门根据报告修改方案等。在公众调查程序之后，进入"公众辩论"阶段。1995 年，法国通过了关于加强环境保护的法律（又称 Barnier 法），规定设立一个独立的"公众辩论国家委员会"，该委员会"包括国会议员、地方当选者、最高行政法院代表、行政的或司法的裁判权利机构代表、使用者代表以及授权性社团代表"⑤。2002 年，委员会又被赋予了可以强制对所有设施或项目进

---

① 蔡定剑：《公众参与及其在中国的发展》，《团结》2009 年第 4 期。
② 王曦：《联合国环境规划署环境法教程》，法律出版社 2002 年版，第 396 页。
③ 详见王曦《联合国环境规划署环境法教程》，法律出版社 2002 年版，第 396—397 页。
④ 彭峰：《法典化的迷思——法国环境法之考察》，上海社会科学院出版社 2010 年版，第 168 页。
⑤ 同上书，第 169 页。

行扣押的权力。

从学理层面来看，环境资源是一种最基础的公共资源，它对公民的影响具有普遍性，因而，环境决策的公众参与尤为必要。从现实层面来看，公众参与是一种倒逼机制和后生制度，是在环境问题日益严重、环境赔偿不堪重负、民众对公众的环境知情权和环境参与权呼声不断高涨的形势下产生的。从国际环境决策的发展历程来看，公众参与制度是减少各社会群体之间环境冲突、预防环境抗议的有效途径，是国际社会在公众参与方面的有效方法，值得我们加以借鉴。

第三节　对国际相关政策的评价

重视环境弱势群体的问题，确认他们的基本人权，是解决问题的基本前提。在改善环境弱势群体处境、加强环境正义方面，国际社会采取了如上所述的法律的、行政的、经济的等多种措施，在此，笔者尝试着对这些措施在运行过程中的经验教训进行简要评价。

一　加强对企业的监管是首要的预防措施

从世界范围看，工矿企业的污染是造成民众环境困境的主要原因之一，这是因为在市场经济条件下，企业作为"理性经济人"的根本目标是获取利润，在这一目标指引下，企业会在一切可能的情况下，减少不必要的成本支出以增加利润。而加强环保技术、减少环境污染都会造成企业成本的增加，这就决定了如果没有严格的监管政策，企业就会选择将环境污染的成本外部化，而不会在环境保全和减少污染等方面进行积极投入，这就是所谓的外部性效应。因此，针对污染源企业制定相关政策、对工矿企业加强监管是保护环境弱势群体权益的首要措施，是预防环境侵害行为的基本要求，是防患于未然的战略性政策。

政府作为公共利益的代言人，在保全良好环境方面负有不可推卸的责任，在对企业的监管中起着决定性作用。在各国环境运动和环境非政府组织的推动下，西方社会开展了深入的企业社会责任建设，从各个方面促使企业履行环境社会责任。各国政府作为社会事务治理的主体，具有其他社会主体不可比拟的监管优势。在对工矿企业进行监管的过程中，逐渐形成了一套较为系统的、整合各种手段的监管制度，概括说来，主要有以下几种路径：一是通过制定法律、政策、制度等手段对企业进行直接管制；二是通过税收、保险、信贷等经济手段进行间接引导；三是通过环境非政府组织、普通民众、企业工人等进行监督和举报等。在环境监管过程中，这三种路径都是必要的，但对企业进行直接管制是首选的途径，也是效果最好的途径。在对企业的直接管制方面日本政府有很多有益的经验，取得了良好的效果。

只有加强对企业的环境监管，才能从源头上减少环境污染，才能减少对企业从业人员、周边居民和整体环境的危害，为环境弱势群体的权益维护提供良好的外部环境，促进社会的整体发展。

二　行政救济可以弥补司法救济的不足

当环境弱势群体的基本权益受到侵害时，可以依据相关法律、借助于司法途径进行权益维护，司法机关及相关工作人员运用法律手段制裁污染行为、帮助环境弱势群体进行诉讼等都属于司法救济的范围。在对环境弱势群体进行救济的过程中，司法途径和司法救济是必要的刚性底线，是维护社会公正的最后防线。但由于在适用范围、救济效率等方面的局限，司法救济对于维护环境弱势群体的权益并不是充分的条件，在这种情况下，行政救济成为各国的普遍选择。行政救济主要是指国家机关通过行政手段对环境弱势群体进行帮助的方式，其实施主体是各级政府部门。各国开展行政救济的基本程序是通过多种渠道筹措国家环境基金，指定进行救济的特别地区和特别事由，依据相应程序对被救济资格进行认定，然后给予相应补偿。

首先，从适用范围来看，司法救济的适用范围是存在明确的可以指认的污染源，并且其排放的污染物在性质和数量上都违反了相关的法律规定。这种相对严格的要求在实践中是较难达到的，一是在当今情况下，污染源头众多，多数污染呈复合之势，有时很难确认某个或某几个污染源头；二是对于污染物的性质和数量进行鉴别和测量需要相应的设施和较高的技术水平，普通民众很难具备这一能力；三是污染后果显现的滞后性往往使得受害人错过了法律规定的追偿时效，无法主张权利。行政救济则可以从国家层面建立环境基金，对于确因环境污染而造成的患病或其他损失进行救济，从而使救济的范围更加广泛，有助于体现国家政策对弱势群体的倾斜和扶持，有利于维护社会的公平和稳定。

其次，从救济效率来看，司法救济首先需要原告一方支付大量的诉讼费才能启动，然后需要经过漫长的调查取证、法庭辩论、判决、执行的过程，如果原告获胜，还要从获赔金额中支付相应比例的费用给代理律师，无论在时间、金钱还是精力方面都是巨大的损耗。而行政救济可以直接规定救济的地区和群体，相关人员只需提出申请，经过资格认定后就可直接获得补偿，此举使受害民众可以较为便捷地获得补偿，大大提高了救济的效率。

最后，从救济获得的稳定性来看，司法救济针对的是造成环境侵害的具体主体，如产生污染的工矿企业等，由于工矿企业在经营过程中的诸多不确定性因素，有些工矿企业已经破产、转移或发生产权变更，这时受害者就无法主张赔偿请求，所受侵害无从弥补。而行政救济由于救济的主体是政府部门，具有相对的稳定性和政策的延续性，可以从较长时间段内保证对受害群体进行救济，具有较好的确定性。

可见，行政救济可以在救济范围、救济效率和救济的稳定性等方面有效弥补司法救济的局限性，在环境弱势群体的权益保护中发挥着救济主渠道的作用，应该予以重视并大力发展。

三　优化决策程序是避免环境不公的必要措施

环境弱势群体权益受损主要是由于不公平的环境政策体系造成的，而决策主体的精英化和决策目标的经济化是造成环境不公的主要原因。环境弱势群体在决策过程中的无权地位，导致他们的权利和利益被忽略，从而产生不利于该群体的相关政策。在各国环境运动的影响下，发达国家在涉及公众利益的环境决策方面做出了很多改进，优化了决策程序，尽可能地避免环境不公因素，对于维护环境正义和保护环境弱势群体的权益具有重要意义。

从目前英国、法国、美国等国的环境决策程序来看，主要的优化体现在以下四个方面：一是以行政命令的方式提醒各级政府部门注意环境弱势群体的存在，通过各项措施公平分配环境负担，如美国在 1994 年由克林顿总统签署的 12898 号行政命令。二是通过各种途径确保公众对环境信息的知情权。法国、英国、德国等国都规定要以各种告知方式实行信息公开，确保公民对重大环境事项的知情权。三是探索多种途径引导公民参与环境决策，包括搜集公民关于某些行政项目的建议和意见、开展由各群体代表参加的公众辩论、就地方环境事务进行公民投票等。四是在开发拆迁过程中，由具有资质的社会第三方介入进行补偿标准的协商和补偿方案的制定，以及在健康受害赔偿中尊重受害者本人的意愿等。

优化决策程序的过程实质上就是民主化程度不断提高的过程，是民众参与地方环境治理程度不断提高的过程，环境问题在一定程度上改变了各国的政策格局，加强了各国决策的民主化程度，对于世界各国的民主化进程都起到了某种促进作用。

四　成本效益分析弊端显现

环境政策作为保护环境的根本依据，在环境保护和环境弱势群体权益保障方面具有决定性作用。在制定环境政策的过程中，理想的状态是完全以环境保护为目的，一切以良好的环境为根本出发点，能否坚持这一规范要求对于决策的后果具有重大影响。由于资本逻辑和市场经济的运行，有些国家在环境决策的过程中更多地运用了成本效益分析这一经济学手段，造成了对环境保护目的的冲击，导致了某些环境决策的不公平，随着时间的推移，成本效益分析这一政策工具的弊端正在逐渐显现。

首先，成本效益分析的经济学取向遮蔽了对社会正义的追求。公共决策是为了维护公共生活秩序而作出的，公平公正是其首要的价值要求。在公共决策的制定中，首先要明确决策的价值取向，即决策是为了什么目的、为了哪些群体，以及需要优先考虑的是哪些因素等。成本效益分析将政策涉及的各种因素加以量化，然后对决策所需要的成本和可能产生的效益进行数量的衡量，当效益大于成本时就可以成为决策的依据。环境决策异化为追求决策收益的过程，忽略了对社会正义的追求，将必须置于优先地位的人的生命、健康等因素与其他因素并列，导致了不可挽回的绝对损失，背离了环境政策的根本目的。

其次，成本效益分析的量化换算导致了环境决策对人道主义的背离。

在制定公共政策的方法论中，公民根本权益的维护是必须坚持的人道主义底线，如果一项政策的结果是对基本人权的忽视和侵害，那么该项政策就不具备起码的合法性。成本效益分析方法的量化换算是将所有的因素加以量化，折合成一定的货币量加以考量。将某些不可剥夺的、根本无法量化的因素如人的生命、健康、各种环境要素等进行量化，有可能造成对某些群体和事物根本价值的忽略，是在"理性决策"的外衣下对人道主义的背离，在这一决策方法指导下的环境决策必然是有利于资本而不利于环境弱势群体的，因为环境弱势群体由于支付能力的低下而只能被赋予较低的价值量，不能成为决策的决定性因素。

最后，成本效益分析的简单化倾向导致了环境决策的片面性。在公共政策的制定过程中，应该坚持统筹兼顾的决策方法，即在综合分析各种政策影响因素的基础上，充分考虑各方面的条件再进行决策。成本效益分析方法侧重于考虑政策成本和效益之间的数量对比，没有充分考虑到环境问题的不可逆性，没有充分预计到经济发展对环境造成的不可挽回的损失，将空气、土壤、水等人类生存所必需的环境要素等同于普通的经济要求，将环境破坏后果的复杂性简单化了，容易导致在环境决策中对经济发展速度做出过度的让步，造成环境决策的片面性和软弱性，而环境弱势群体是环境退化的首要受害者。

综上可见，成本效益分析方法作为一种政策选择工具，在定量分析和简洁明确等方面具有重要优势，可以成为环境决策的参考因素之一，但由于成本效益分析方法的局限性，它不应成为环境决策的主要依据，更不能成为环境决策的决定性依据。在环境政策的制定过程中，还需要综合考虑社会的伦理要求和价值追求，遵循人道主义和统筹兼顾的方法论原则。因此，在社会发展的过程中，应纠正以经济发展为基本目标的取向，将环境的保全置于优先考虑的地位。在环境决策的过程中，必须始终坚持完全为了保护环境这一根本目的，应为了保护人类的生命和健康、确保环境的舒适性而制定合理有效的环境政策。

第六章 环境弱势群体权益保护的政策建议

随着我国生态环境形势的日趋严峻，生态文明建设已成为学术界研究的焦点问题之一。党的十七大报告将建设生态文明作为全面建设小康社会新要求之一，党的十八大报告将生态文明置于"五位一体"的总体布局之中，都体现了党和国家对生态文明建设的高度重视。近年来我国在生态环境保护方面取得了长足进展，若干地区在控制污染方面出台了具体措施，环境治理初见成效。调查问卷数据显示，有 13.61% 的人认为自己所在社区或村庄的环境在变好，而环境变好的主要原因是群众的环保意识增强、政府部门重视等。① 但我们在调研过程中也发现，有些地区在涉及工矿企业生产导致的拆迁安置、企业与周围民众的关系以及企业一线工人的健康保障等方面仍然存在一些问题，导致了群众的不满情绪或过激行为，需要引起高度重视，做好相关工作。

第一节 环境弱势群体权益保障的多元主体

环境弱势群体的权益保障需要多元主体的参与。其中，地方政府作为公共事务的管理者，负有主要责任；环保部门负有保护环境使民众免受污染之害的责任，其作用需要不断加强；民政部门作为对弱势群体进行救助的部门，需要走到民众权利保障的前台；企业作为环境污染的致害者，是最需要做出行为调整的主体；各类非政府组织应该继续发挥自身优势，弥

---

① 详见附录四，一、1、1.1。

补政府力量的不足；环境弱势群体自身应该加强环境意识、依法有效维权。

一 地方政府进一步转变职能

地方政府是当地社会事务的管理者，是保障环境弱势群体权利的关键环节和主导力量，发挥着至关重要的作用。除了改善自身行为之外，各级地方政府还负有规约、管理其他社会行为主体的责任。

我国正处在由计划经济向市场经济转轨的特殊时期，政府在经济发展方面仍需发挥主导的作用，否则我们此前经济增长的优势就有被削弱的危险。但我们近些年发展的经验和教训表明：政府的职能绝不能仅仅停留在发展经济层面，而是应该着力做好经济发展与环境保护双赢的工作。目前有些地方政府，尤其是县级政府往往是千方百计促进经济增长，而对环境保护却相对忽视，对当地企业的环境监管明显不足，有的甚至处于空白状态；对当地环境设施的投入明显不足，在废弃物处理、污水处理等方面重视不够。

各级政府应进一步转变政府职能，认真落实科学发展观。要充分意识到现代政府的主要职能是服务，是为社会提供必需的公共产品、公共服务和公共福利，为社会的公平运行提供必要的条件，对环境弱势群体的关注是政府工作的题中应有之义。政府的决策中，应该充分考虑环境弱势群体的权利，制定向他们倾斜的政策，确保环境弱势群体的基本权利不受"强势集团"的侵害。各级政府在发展经济的过程中，应注重发展的全面协调可持续，促进经济"又好又快"发展，而不能盲目追求以环境污染换来的"黑色GDP"。

首先是转变发展理念。长期以来，有些地方政府将发展单纯理解为经济增长，将经济增长单纯理解为GDP增长。在这种发展理念的指导下，污染企业上缴的利税是当地GDP增长的主要来源，成为地方政府的"政绩"。因此，在环境冲突中地方政府甚少站在民众利益的角度，而多是站在污染企业的立场上，千方百计地保护企业的利益。究其实质，还是GDP政绩观在发挥作用。所以，对于地方政府而言，转变发展观念，全面贯彻落实科学发展观的要求是当务之急。

其次是加强对社会各界的管理与引导。"政府的责任主要在于通过制度保障社会的公正运行，就环境问题而言，就是制定环境法规、环境决策，通过环境立法、执法、司法、命令等环节使各行各业遵守环境法规，执行环境决策。"① 具体而言，第一是严格规范企业的行为，着力解决当前"违法成本低、守法成本高"的现状，使企业切实遵照环境保护的相关要求去做；第二是赋予环保部门更大的权责，能够让其独立地开展督查工作；第三是责成民政部门关注环境弱势群体，进行必要的社会救助；第四是引导各类工矿企业增强社会责任感，履行社会责任；第五是鼓励各类非政府组织，尤其是环境非政府组织的发展，发挥它们在民众权利保障体系建设中的积极作用；第六是对民众行为进行引导，鼓励他们采用合理合法的手段有效维权等。

二　环保部门加强作为

环保部门作为我国环境保护的专门机构，负有对公共环境进行监测、监督、维护的职能，负有为民众提供健康生活环境的职责，在构建污染企业周边民众权利保障体系中发挥着重要作用。

首先，环保部门要加强对企业的监管，保持对污染企业的高压态势，将对周边民众的影响计入企业的罚款收费标准中，将排污收费资金作为环境救助资金的来源之一。其次是加强监测。环保部门应加强常规环境监测，定期对企业的排放物进行监测，随时掌握环境质量状况，预防突发性环境污染事故的发生。再次是严格执法。环保部门在监测信息的基础上，对于存在污染行为的企业要加大执法力度，关闭那些技术力量落后、难以进行环保改造的污染企业，对于有能力降低污染的企业进行限期整改。最后是信息公开。环保部门应将监测数据向群众公开，让民众了解企业的排污行为和周边环境状况，为公众环境参与提供科学依据，形成对污染企业的强大社会监督。

---

① 曾建平：《环境正义：发展中国家环境伦理问题探究》，山东人民出版社2007年版，第207页。

三　民政部门制订救助方案

从归口扶助的角度来看，环境弱势群体的救助应该归入民政部门。作为对弱势群体进行救助的主要部门，民政部门可以在保障环境弱势群体权利方面发挥更大作用。

首先是了解环境弱势群体的实际状况，制定相关政策，确认救济范围，有目的、有计划地对环境弱势群体进行扶助救助。其次是出台紧急救助方案，当环境危害出现紧急情况时，民政部门应有紧急救助方案，为民众提供快速的医疗基金等。最后是动员社会慈善力量，设立污染企业周边民众专项基金，用于对民众的医疗、生活和生产的紧急救助或恢复性帮扶等。当前，我国民政部门可以加大对农村地区的环境救助，组织协调慈善资金在癌患地区的发放，筹措农村环境设施建设资金，协调社会组织对环境弱势群体进行帮扶等。

四　企业承担社会责任

企业是市场经济的主体，是社会财富的主要创造者，是社会建设的主要依靠力量。涉污企业中有外资企业、大型国有企业和中小型民营企业等，一概采取"关停并转"并非上策，也难以实行。在当前形势下，各类企业应该改善自己的行为，承担起更多的社会责任。

首先是认清形势。环境问题已经成为 21 世纪的核心问题之一，成为影响我国可持续发展的瓶颈问题，中央政府下决心建设生态文明，既是顺应全球形势的需要，也是改善国内形势的需要。在环境政策方面，我国只会采取越来越严厉的措施，而不会长期对企业的污染行为听之任之。作为新时代的市场主体，良好的环保形象是企业的竞争优势之一。其次是承担责任。污染企业应该主动让渡自己的部分利润，建立民众救助基金，作为对周边民众医疗、生活、生产的补偿，承担起自己应尽的社会责任。最后是主动沟通。企业应该定期与周边民众进行对话，主动征询民众对环境质量的看法，及时调整自己的生产行为，将污染行为最小化以至消灭。

五　非政府组织提供多种援助

"在现代社会，政府不可能再主导一切，有很多事情必须要分离出来，交给市场或社会组织来做。"① 在保障环境弱势群体的权利方面，各类非政府组织（NGO）以其独有的草根性，可以有效弥补政府力量在权利保障方面的缺位。我国可以通过政策扶植和资金资助等形式，鼓励 NGO 健康快速发展，充分发挥它们的专业优势和民间特色，构建一个更加严密的环境弱势群体权利保障体系。

首先是为环境弱势群体提供环境知识援助和法律援助。环境 NGO 可以向民众提供专业的环境知识和数据，为民众的维权行为提供科学依据；法律 NGO 可以为民众提供法律援助，帮助民众向污染企业讨回公道。其次是对企业加强监督。在力量对比方面，与有组织的企业相比，公民个体处于明显的劣势。而各种 NGO 作为联合起来的民间组织，它的力量远远大于个体公民，在对企业的监督方面，能够发挥更加强大的作用。最后是弥补政府缺位。"事实上，没有任何组织比当地环境运动组织对当地环境问题更为敏感、更为积极的了。"② NGO 扎根基层，服务群众，它们掌握了大量的一手资料，对民众权利的实际状况十分了解，可以协助政府制定更贴近群众的权利保障措施。

六　环境弱势群体有效维权

构建环境弱势群体的权益保障体系，离不开民众自身的参与和努力。污染企业的排污行为多发生在监管部门督察和评估之后，而能够全方位对企业进行监督的只能是周边民众，因为"广泛的公众参与，可以最大限度地发现这些违法行为，并要求环境行政执法机关依法对其查处"③。所以环境弱势群体的广泛参与在保障自身权利方面发挥着重要作用。

对于环境弱势群体而言，首先是增强生态环境意识。由于公众生态环

① 于建嵘：《综合治理思路的转变》，《南风窗》2011 年第 2 期。
② 洪大用：《中国民间环保力量的成长》，中国人民大学出版社 2007 年版，第 242 页。
③ 王灿发：《中国环境行政执法手册》，中国人民大学出版社 2009 年版，第 319 页。

境意识的增强，整个社会对环境污染和生态破坏的容忍度越来越低，可以形成对污染企业的强大舆论谴责，有利于自身权利的维护。其次是合法维权。当自身权益受到危害时，民众应采用合法手段，如信访、投诉、起诉等方式合法维权，而不是将怨气通过非理性甚至非法手段进行发泄，造成自身的违法行为。最后是全程参与。对周边企业的生产行为要进行全程监督，对环境影响评价等活动全程参与，增强监督的及时性和有效性，而不是等出现环境问题之后再行动。

总之，环境弱势群体的权益保障是一项系统工程，涉及地方政府、环保部门、民政部门、各类企业、各类非政府组织以及环境弱势群体自身，并且需要他们之间形成合力，共同围绕环境弱势群体的权利保障发挥作用。

第二节　环境弱势群体权益保障的基本原则

环境弱势群体权益保障的基本要求是推进社会各阶层之间环境利益的协调和平等，实现环境公平。在环境公平制度建设的过程中，首先应坚持公民健康不受侵害这一原则底线，并对违反这一底线要求的各种行为进行惩戒，构建一个以公民健康不受侵害为底线要求、以完全填补性加害赔偿为追加要求、以直接快速受害救济为必要保障、以培育可持续生活能力的受苦补偿为开发要求的制度体系。

一　公民健康不受侵害原则

在我国的部分地区，地方经济发展与环境保护之间存在较为尖锐的矛盾。地方政府为了本地区的经济增长，对污染企业采取默许或纵容态度，致使企业在违规排污、破坏环境方面缺少制约。企业违规排污的直接后果是环境破坏，间接后果是对民众健康的损害。这样，经济发展与环境保护的矛盾就转化为污染制造者与污染承担者之间的矛盾。形成了典型的"加害—受害"结构，即加害方——环境污染的制造者（主体是工矿企业）往往既获得了因环境污染带来的高额利润，又有能力逃避环境污染的后果；

而受害者——环境污染的承受者则往往既不能在环境污染中获益，又无力规避环境污染的损害。这一状况显然违背公正，正如罗尔斯（John Rawls）所言："减少一些人的所有以便其他人可以发展——这可能是策略的，但不是正义的。"① 因此，需要通过制度设计来改变这种状况。这就要求政府在进行行政项目规划、企业在组织生产活动时，必须以不损害民众的健康为基本前提，在经济发展和民众健康之间，坚持健康优先，这是维护我国环境公平的底线要求。

公民健康不受侵害原则是环境公平制度的伦理学要求，它指的是在任何情况下，任何人不论出于何种目的，都没有权利以任何方式损害他人的健康，政府决策和企业行为均应以不危害民众健康，尤其是弱势群体的健康为前提。在环境问题日益严峻的今天，破坏环境的行为虽然不是对人体健康的直接侵害，但却通过环境污染的弥散性影响而间接对民众健康造成损害，严重违背社会的公平正义。在公民健康不受侵害这一原则要求下，经济的发展必须符合公平正义的伦理目标，任何以民众健康为代价的发展都是不道德的，是必须予以杜绝和禁止的。

坚持公民健康不受侵害原则，首先是在发展路径的选择上，政府应坚决以民众的健康为优先选择，摒弃唯 GDP 的发展观，正确处理环境政策与经济政策的先后关系。将环境政策作为优先考虑的对象，以对环境的影响决定经济政策的取舍，"并要考虑应如何运用技术、经济政策及城市政策来实现环境政策"②。其次是应充分认识成本效益分析方法（cost-benefit-analysis，CBA）的短视性和非正义性。成本效益分析方法是功利主义者常用的政策评估工具之一，它将采用某项政策的社会效益与社会成本进行衡量比较，当认为社会效益大于社会成本时，就可以采用某项政策。但这一方法的弊端在于，它以货币这一有形形式来衡量环境污染和健康受损这些无法量化的、不可逆的"绝对损失"，这样计算出来的社会成本和社会效益是不真实的；它以"不同公民对环境的支付意愿"作为环境决策的依据，客观上必然是有利于富人的，因为相比于穷人，富人对良好的环境具有更强的支付意愿和支付能力。所以，成本效益分析是经济理性视阈下的

---

① ［美］约翰·罗尔斯：《正义论》，何怀宏、何包钢、廖申白译，中国社会科学出版社 1988 年版，第 15 页。

② ［日］宫本宪一：《环境经济学》，朴玉译，生活·读书·新知三联书店 2004 年版，第 212 页。

政策分析工具，它对政策效果的评价缺乏伦理学的考量，不符合社会主义人道主义的原则，因而"在考虑权利和正义的问题时，不能以成本效益分析作为依靠，来产生众所周知意义上的政策决定"①。最后是要特别注意维护环境弱势群体的健康。相比于政府官员、企业管理者和富裕阶层，环境弱势群体的健康更容易受到侵害，饭岛伸子通过社会学的实证研究指出："环境污染、环境破坏对于人类健康的损害首先产生在病人、儿童、低收入群体以及少数民族等社会弱势群体身上。"② 美国政府也于 1994 年特别出台对有色人种和低收入群体环境健康调查的指导性意见，认为"不能忽视对高风险工人和有色人种社区的环境健康调查"③。我国的环境弱势群体也是环境污染后果的首要承担者，所以政府和社会要特别注意把他们的健康置于优先考虑的范围。

二　完全填补性的加害赔偿原则

维护环境公平的底线要求是公民健康不受侵害的原则，只有对违反底线要求的行为进行严格的惩戒，才能确保这一底线的刚性特征。当社会现实中出现了损害公民健康的环境侵害事件时，从维护社会正义的原则出发，应该责成加害方对受害方进行赔偿。但"在环境侵权中加害人一般为国家注册许可的企业，受害人多为普通公民，双方实力、地位相差悬殊"④。由于加害、受害双方在社会地位方面的巨大差距，我国当前的加害赔偿多是象征性的，无法完全填补受害者遭受的健康损害和其他损失。如被媒体广泛关注的江西矿业多年向乐安河排污，祸及下游 9 个镇 42 万群众，但江西省环保部门组织乐平市政府、德兴铜矿等单位达成赔偿协议，由德兴铜矿等矿企每年向乐平市支付赔偿金 18 万余元，⑤ 也即受害群众人均不足 1 元。

---

① ［美］彼得·S. 温茨：《环境正义论》，朱丹琼、宋玉波译，上海人民出版社 2007 年版，第 290 页。

② ［日］岩佐茂：《环境的思想与伦理》，冯雷、李欣荣、尤维芬译，中央编译出版社 2011 年版，第 203 页。

③ Bunyan Bryant, *Environmental Justice*, Washington：Island Press, 1995, p. 228.

④ 吕忠梅等：《理想与现实：中国环境侵权纠纷现状及救济机制构建》，法律出版社 2011 年版，第 186 页。

⑤ 钟国斌：《江西铜业污染赔偿过低遭质疑》，《深圳商报》2011 年 12 月 8 日，第 4 版。

为进一步维护环境公平，应坚持完全填补性的加害赔偿原则，即加害方应该对受害方的损失进行完全填补的赔偿，赔偿金的最低数额应不小于受害方的损失，原则上应附带主张由于环境侵害造成的精神损失、机会丧失等方面的赔偿。除了对受害方进行完全填补性的赔偿之外，对于特别恶意的环境侵害，还应该启动惩罚性赔偿金。

此外，如果环境侵害事件特别恶劣、影响巨大，在追究加害者民事赔偿责任的同时，还应追究加害者的刑事责任，加大对此类行为的惩戒力度。同时，对于检察机关提起公诉的环境刑事案件，除依法追究加害者的刑事责任外，还应该责成其对受害者进行必要的经济补偿，否则是对加害方责任的不当减轻，违背环境正义的要求。

坚持加害赔偿完全填补原则，必须突破我国法律目前在环境侵害案件受理中公法与私法分离的制度瓶颈，坚持公法与私法结合的原则。环境侵害事件是一类特殊的侵害事件，从公法的角度来看，侵害行为破坏了环境，是对社会公共资源的侵害，应当受到公法的制裁；但从私法的角度来看，环境侵害事件还对被污染环境周边的群体造成了侵害，也属于私法管辖的范畴。所以，环境侵害事件具有违反公法和私法的双重属性，理应受到公法和私法的双重制裁，因此应该坚持公法与私法相结合的原则来处理环境侵害事件，让加害者承担应负的刑事责任和民事责任，而不能只承担一方面的法律责任。

三　直接快速的受害救济原则

从社会公平的角度来看，环境受害方的损失应该由加害方进行完全填补性赔偿，但在很多情况下，环境污染基本上是由多个责任者造成的复合污染，难以认定具体的加害方。即使加害方可以认定，由于环境污染后果显现的滞后性，当环境损害后果出现时，也大多已超过了法律规定的有效追诉期。所以，从现实层面来看，受害者能够明确指认加害方并获得赔偿是十分困难的，数量巨大的环境受害者无法获得应有的赔偿。在这种情况下，应该启用第三项原则——直接快速的受害救济原则，即由各级政府或社会组织对环境受害者提供快速的救济，解决他们面临的紧迫难题，帮助他们渡过难关，保障他们基本的环境安全。

直接快速的受害救济主要依靠公力救济，由中央政府或地方政府从制度层面加以实施。各级政府可以把对环境弱势群体的救济纳入社会保障体系，按财政收入比例划拨专门款项。目前亟须救济的是环境病高发区域的居民，尤其是"癌症村"居民。从地理分布情况来看，我国大部分"癌症村"分布在河流沿岸，村民患病与水质污染密切相关。所以，在清除污染源的前提下，政府还应拿出专项资金来进行水质净化的工作。此外，还可以广泛动员社会力量，鼓励慈善基金为这些地区提供安全的饮用水等。

坚持直接快速的受害救济原则，应注意救济资金的来源。若救济资金只从国民税收中产生，就会减少其他社会建设的费用，对于纳税人来讲是新的不公平。所以，救济资金的筹集应坚持国际通用的 PPP 原则（Polluter Pays Principle），即污染者付费原则。具体而言，首先可以要求工矿企业提前缴纳环境污染保险金，作为救济资金的主要来源；其次是我国环境法规定收缴的排污管理费，也应部分划入环境救济资金；最后就是上文提到的让加害方缴纳的惩罚性赔偿金，也可以作为环境救济资金的来源。

四　培育可持续生活能力的受苦补偿原则

我们对上述三个原则的讨论，基本是在"加害—受害"的语境下进行的，这类事件的涉及者基本可以区分为强势群体和弱势群体，我们维护环境公平的基本原则是限制强势群体的侵害，保护弱势群体的权益，基本方法是让强势群体弥补弱势群体的损失。但"加害—受害"结构并不能解释所有环境问题，尤其是由于大规模开发带来的环境不公问题。从世界范围看，大规模的开发多是政府规划的、以促进社会整体发展为目的的工程，在工程建设中和工程建成后，都存在"受益圈"和"受苦圈"的区分，即一部分群体享受项目开发的好处而不必承担项目开发带来的弊端，而另一部分群体却承担项目开发的坏处而无法享有或不能优先享有项目开发的利益。我国现有的对受苦圈层的补偿方法大多倾向于一次性货币补偿，这种补偿方式的优势在于简单快捷，兑现方便；而其弊端在于，仅仅用单一的货币形式来补偿公民在生活方式、生产方式以及交往方式等多层面的损失，显然是一种"不完全填补"的补偿。理想的补偿方式应该坚持"完全填补"的原则，在对受影响群体进行货币补偿的基础上，注重对他们可持续生活能力的保护和培育。

对受苦圈层民众可持续生活能力的培育，主要包括以下三个层面的内容：一是对受苦圈层提供必要的文化培训和技能培训，使他们掌握新的谋生技能，获得保持长久生活质量的能力；二是对受苦圈的移民进行心理疏导和生活指导，让他们更好地融入移入地区的生活；三是加强对移民集中地区的社会建设，提升社会服务水平，减少移民的心理落差。

五　企业环保行为鼓励原则

上文中的讨论多是基于环境弱势群体的视阈，对所谓的以工矿企业等"强势群体"进行限制和约束，以对当前大部分的环境侵害事件进行矫正。但从社会发展和国家富强的角度来看，工矿企业是市场经济条件下的主要行为体，它们所创造的利润是国内生产总值的主要来源，现代社会的富裕和活力也主要建基于这些"强势群体"的经济活动之上。如果环境公平制度只对它们进行限制和约束——让企业缴纳环境污染保险和环境救济基金，而没有相应的动力机制——对企业的环保行为的奖励，则可能给企业造成"环境污染合法化"的错觉，也可能促使企业产生"污染与治污都需缴费，污染与治污具有相同后果"的心理，造成企业治污的动力不足，不利于对环境污染的整体治理。所以，在对企业环境污染行为进行预防和制裁的同时，还应启动对企业环保行为的奖励原则，激发企业环境保护的动力，形成企业自发追求环境效益的良性循环。

对企业环保行为的鼓励，可以从以下几个方面进行。一是对环保达标企业进行环境保险金和税金的返还。可以以一年或三年为一个周期，如果企业在规定时间内积极进行环境保护，在环境监察中未发现环境破坏行为，周边民众的环境满意度较高，则可以对企业先期缴纳的环境污染保险金和部分税金进行返还，以鼓励企业的环保行为。二是在我国金融领域推广赤道原则。赤道原则是一套在国际金融领域被广泛应用的企业贷款准则，主要目的在于利用金融杠杆促进企业履行社会责任，加强环境保护。我国的金融界目前应加快探索步伐，发挥银行业在环境保护方面的引导作用。积极发展绿色信贷，对有利于环境保护的发展项目给予贷款优惠扶持原则，鼓励他们率先发展。三是对环保先进企业进行奖励。对于积极研发环境技术、努力促进达标排放的企业，国家可以拿出资金进行奖励，为企业的环保行为增加动力。

坚持对企业环保行为的奖励原则，应旗帜鲜明地反对当前部分地区对污染企业的奖励。近几年，国家环保局经常对企业的排放情况进行抽检，并将违规排放企业名单进行公示，以引起政府和公众的注意。而部分地方政府无视国家环保局的公示，单纯从对地方政府财政贡献的角度，对某些污染企业进行表彰和奖励，这是对企业污染行为的姑息纵容，甚至是变相的鼓励，必须加以制止。

六　环境弱势群体恶意行为预防原则

在大部分情况下，环境弱势群体承受了环境污染的后果，身体健康和发展机会都受到了威胁，我们出于维护社会公正的目的，应该给予弱势群体更多的倾斜，赋予他们更多的权力。但在环境公平制度建设的过程中，还应坚持弱势群体恶意行为预防原则，即对弱势群体进行必要的教育和引导，促使他们的维权行为在法律和道德规定的范围内运行。

一般而言，对弱势群体恶意行为的预防主要是预防四类行为。一是维权过程中的恶意破坏行为。如在大部分环境群体性事件中，弱势群体在上访、投诉无果的情况下，在公力救济未能覆盖的情况下，采取了自力救济。但在采取自力救济维权的过程中，他们封堵道路，影响交通，对企业设备进行恶意破坏，对企业人员进行过度攻击，结果既因违反法律而受到制裁，又造成了新的社会不公。二是动机不良的恶意诉讼行为。有些公民故意在工矿企业作业范围内种植农作物，或从事养殖业，当农作物难以成活或养殖物出现中毒反应时再进行诉讼，以期获得高额赔偿，这种情况下，企业为了息事宁人，有时不得不出巨资赔偿，反而处在弱势地位。所以，在诉讼受理过程中，应深入分析造成损失的责任者，避免对企业的不公平判决。三是冒领救济金的问题。如果在生态恶化地区为受害严重的公民提供救济，可能出现某些受害轻微或者不在受害范围内的公民冒领救济金的行为，造成国家财政资金的损失，也会妨碍对真正需要救助的人的救济。四是借拆迁安置之机向政府提出不合理要求的行为。在国家建设的过程中，有些建设规划、环境开发和生态保护措施都是必需的，国家或企业也给予了应有的补偿，但有些民众并不满足于应有的补偿，而是趁机提出无理要求，这些行为也是需要教育和引导的。①

对弱势群体恶意行为的预防，一是健全、细化制度的规定，对受害地区的范围和救济范围做出明确具体的规定，并进行资格审查；二是加强对弱势群体的道德教育和法律教育，可以广泛动员社会力量参与，在对弱势群体增权赋能的同时加强引导，减少社会学上描述的"底层沦陷"现象。

第三节　环境弱势群体权益保障的政策建议

从我国当前情况来看，对环境弱势群体进行帮助需要运用法律的、经济的、行政的和教育的等多种手段，从多个层面进行努力。

一　完善相关法律规定

在保护环境弱势群体权益方面，国际社会普遍制定了相关法律，其中日本的经验尤其值得借鉴。日本自 1967—1973 年，针对公害赔偿问题制定和修改了包括《公害对策基本法》《公害救济法》《公害控制法》《公害防止事业法》《公害健康受害补偿法》等在内的 16 部法律，② 对污染企业进行规范、对公众进行救济补偿。我国可以充分借鉴国际社会的相关经验，完善相关法律规定，加强对环境弱势群体的保护。

1. 确立并保障公民环境权

公民环境权的核心内容是每个公民都有在良好环境下生活的权利，它是在全球环境问题不断凸显的形势下，受到广泛关注的一项新型权利。自20 世纪 60 年代以来，在西方各国学者的强烈呼吁下，国际社会通过多部法律对环境权予以确认，根据不完全的统计，体现出环境权的国际环境法主要有：1972 年联合国《人类环境宣言》、1973 年欧洲环境部长会议《欧

---

① 笔者在某产煤区的访谈资料，该地群众借压煤拆迁或塌陷治理之机给基层政府制造压力，要求超过合理限度的拆迁补偿标准。访谈时间：2013 年 12 月 23 日；被访谈人：王某，女性，30 岁。

② ［日］原田尚彦：《环境法》，于敏译，法律出版社 1999 年版，第 14—15 页；［日］饭岛伸子：《环境社会学》，包智明译，社会科学文献出版社 1999 年版，第 103 页。

洲自然资源人权草案》、1981 年《非洲人类和人民权利宪章》、1982 年《世界自然宪章》、1986 年《阿拉伯联盟环境与发展宣言》、1988 年《美洲人权公约》、1992 年《里约环境与发展宣言》、1998 年《奥胡斯公约》等。[①] 在国内立法中，自 1969 年美国在《国家环境政策法》中率先对公民环境权加以确认以来，至今已有 60 多个国家在宪法或环境法中明文规定了公民的环境权。[②] 我国法学界自 20 世纪 80 年代以来就环境权问题展开了大量研究，并于 90 年代达成共识应将环境权写入宪法，但截至目前，我国的宪法和环境法等相关法律虽然在若干内容中涉及了环境权的内容，但尚未明确使用"公民环境权"这一术语，不管是出于不想照搬国际环境法规的考虑，还是顾及环境权在现实操作中的困难等原因，对于公民环境权的回避都是令人遗憾的，并且不利于生态文明建设的推进。

确立并保障公民的环境权，可以从保障公民基本权利的层面来促进我国的生态文明建设，其主要意义包括三个方面：一是对政府决策的导向作用。从政府层面来看，如果充分考虑到公民的环境权，就会在制定发展规划时更多地保全环境而不是仅仅以经济增长为目标，在制订开发拆迁方案时就会更多地考虑受影响民众的切身利益而不是以所谓集体的利益来牺牲公民的合法权利，在涉及邻避效应的公共设施选址时就会充分考虑民众的接受程度而减少主观决策等。二是对公民维权的鼓励效应。在环境群体性事件中，受害群体要通过法律手段对污染企业进行追责时往往由于缺乏法律依据而被拒绝受理，如果从法律层面认可了公民的环境权，则为相关的法律纠纷提供了法律依据，对于公民的环境维权提供了助力。三是通过赋予公民环境权可以促进对环境的保护。当前我国环境退化的主要原因是缺乏制约环境退化的主体力量，而深层原因则是环境诉讼方面的制约。对于公民环境权的认可则可以赋予个体公民或环境非政府组织对破坏环境行为的诉讼权利，对于遏制环境污染和退化具有积极意义。

由于公民环境权对于生态文明建设的巨大推进作用，我国应积极采取措施促进公民环境权的确立和保障，具体而言，可以从以下几个方面入手：一是在宪法中明确公民的环境权。21 世纪是环境的时代，良好环境是任何公民得以生存的基本条件，因此，"在良好环境中生活"意义上的公

---

① 周训芳：《环境权论》，法律出版社 2003 年版，第 76 页。
② 杨朝霞、严耕：《公民环境权应入宪进法》，《中国环境报》2014 年 3 月 26 日，第 8 版。

民环境权是公民的一项基本权利，是公民行使其他任何权利的基础。我国现行宪法中已有若干条文暗含了公民环境权的内容，可以在此基础上，通过修改完善的形式，明确规定公民的环境权，提高我国法律的整体"绿化"程度。二是在环境保护法等环境法体系中确立公民环境权的核心地位。在我国的环境法律体系中，基本体现了环境本位的指导思想，我们的制度、政策的出发点都是保护环境，但环境本身在没有代言人的情况下屡屡受到侵害，使得环境形势日益严峻。只有明确了环境的归属权，使得生活于该区域的公民或单位具有明确的环境权，才能克服我国环境法律中的环境本位倾向，增强以人为本的维度，进一步增强公民和企事业单位在生态文明建设中的能力和效力。三是通过具体程序保障公民的环境权。从国际环境法的实践历史来看，如果仅仅通过对公民环境权的原则规定而不辅以具体的程序规定，则很难将公民环境权落到实处。所以，我国可以充分借鉴国际经验，引进有效的程序规定，以确保公民环境权的落实，如环境情况公示制度、环境公众参与制度、地方环境决策民主投票制度等。

因此，尽管目前学术界对于公民环境权的内容和保障方式等尚未达成一致意见，但在公民拥有环境权这一点上却是一致认可的，所以，对于公民环境权这一问题，我们应在宪法和其他相关法律中予以确认，并在实践中不断将其完善化，而不能由于细枝末节的分歧而搁置这一问题。

2. 完善国家环境基本法律体系

我国自1973年以来已相继颁布了40多部环保法律法规，形成了较为完善的环保法律体系。但在这些法律规定中，对环境弱势群体的关注还很不够，应该适当加以补充修订。

具体修订建议如下：（1）宪法中增加公民环境权的内容。自1972年斯德哥尔摩会议以来，世界各国在宪法中普遍增加了环境管理的内容。如1992年《马里宪法》规定："所有人都享有对于健康环境的权利。"[1]我国现行宪法自1982年起颁布实施，历经1988年、1993年、1999年、2004年四次修订，对公民的基本权利和义务有了较为完善的规定，但尚未体现公民环境权的内容。鉴于环境问题的基础性及环境弱势群体权益屡被侵害的普遍性，应在第二章《公民的基本权利和义务》部分适当增加公民环境权利的相关内容。（2）2003年起实行的《环境影响评价法》第十条可以

---

[1] 王曦：《联合国环境规划署环境法教程》，法律出版社2002年版，第55页。

增加对周边民众的迁移、补偿措施。（3）2005 年颁布的《国务院关于落实科学发展观加强环境保护的决定》中明确指出"核与辐射环境存在安全隐患"，但并未对周边群众提出补偿要求，可以酌情增加对核设施周边群众适度补偿的内容。（4）2006 年 3 月起实行的《鼓励公众参与法》第十条规定，对于环评项目的公示期不得少于 10 日，从实际操作层面来看，可以考虑将公示期限延长至 1 个月。

　　3. 完善具体法律规定

　　从现有的各项政策法律规定来看，制约环境弱势群体维权的瓶颈主要有两个方面，其一是一线工人索赔难，其二是周边民众诉讼难。所以应制定并完善相关法律，保护一线工人和周边民众的基本权利。

　　首先是建立健全保障一线工人基本权益的政策法律。一是要求企业加强防护投入，配备必要的防护设施，不得偷工减料；二是赋予工人知情权，在聘用工人前对污染危害进行口头告知和书面告知；三是定期组织包括合同工、临时工、季节工在内的工人进行健康查体，及时进行医疗干预；四是严禁拖欠工人工资，保障工人离职自由；五是鼓励工人对企业的污染进行监督，保障工人举报企业污染之后不被辞退；六是保障工人因污染患病之后的生活来源及家庭生活补助；七是保障工人在企业被合法关闭后工资及时足额兑现，并获得适当生活补贴、失业补偿等。

　　其次是解决受企业污染影响的民众诉讼难的问题。当前民众诉讼污染企业对自己健康的损害时，面临的诉讼瓶颈主要是诉讼权的确认问题。由于我们尚未确认公民的环境权，尤其是公民对公共环境的相对人的权利，因此从法理层面而言，在面对一些污染问题时，公民个体无法以诉讼当事人的身份提起诉讼，从而影响了案件的立案。在环境公益诉讼方面，贵州贵阳、江苏无锡、云南昆明等地都曾进行了有意义的探索，积累了某些经验。但这些经验尚未在全国推开，并且这些试点地区也尚未确认公民个体作为原告主体的权利，所以在环境诉讼的参与主体方面，相关法律还应进行探索，做出更加符合实际情况的规定。

二　建立健全行政规划公众参与制度

　　行政项目审批不当是环境弱势群体产生的原因之一。1994 年美国总统克林顿发布 12898 号行政命令号召联邦机构制定相应策略以保证环境公正。这一行政命令要求所有联邦机构把实现环境公正作为自己的使命，合理确定和关注他们的项目、政策和行动，避免或减少对美国少数民族与低收入民众造成的负面影响。

我国各级政府在进行行政项目审批的过程中，应充分考虑环境弱势群体的权益保护，可以通过公众参与行政项目的审批过程，避免环境弱势群体利益被忽视的局面。第一，行政规划项目要成立由政府部门、项目实施单位和受影响群众代表组成的项目论证委员会，充分保障社会群体对行政规划项目的有效参与。第二，在项目实施之前，要求实施项目开发的企事业单位，提供严格可行的环境风险预案，并且预先上缴部分费用作为周边民众的迁移补助和医疗补贴等。第三，进一步规范环境影响评价环节，充分赋予当地居民知情权、参与权和发表意见的权利。第四，在城市建设项目审批过程中，注意避免低收入者在郊区聚居的情形，在城市中心区增加经济适用房、廉租房的比例，使不同收入水平的阶层混合居住，增强社会的融合度。第五，在城市和农村建设规划中，应充分考虑到环境弱势群体的健康和安全，在居民住宅和工矿企业、垃圾焚烧厂、核电站等设施之间设置必要的安全距离，保障周边居民的身体健康。

三　设立环境基金

针对环境弱势群体获赔难的情况，日本、美国等国家普遍采取了国家赔偿制度。如日本自 1973 年起实行了公害健康损害补偿制度，"在法律上确认发生源企业的责任，并规定每年必须交纳一定数额的赔偿受害者的基金"[1]。美国由于拉夫运河（Love Canal）废弃物公害事件的推动，也于 1980 年通过了《环境对策补偿责任法》，创立了"超级备用金"，用于对污染受害群体的补偿。上述行政救助政策的实施收到了较好的效果，值得我们借鉴。

首先，通过向企业征税和民间融资等方式，筹措资金，设立环境基金。环境基金的来源可以考虑以下几个方面：一是来自企业的环境责任保险。根据企业的环境污染可能性，实行分级申报：第一类是 A 级，有可能产生较大污染的；第二类是 B 级，有可能产生较少污染的；第三类是 C

---

① ［日］饭岛伸子：《环境社会学》，包智明译，社会科学文献出版社 1999 年版，第 103 页。

级，基本不会产生污染的。如果上一年有污染不良记录，自动升入上一层级，增加保险金的缴纳数额。二是来自社会组织的捐赠。鼓励各社会组织关心环境弱势群体，为环境弱势群体境遇的改善做贡献。三是可以申请国外相关机构提供的基金资助。其次，进一步完善针对环境弱势群体的社会救助体系，制定相关政策，确认救济范围，有目的、有计划地对他们进行常规救助。

四 加强基层环境监管

环境监管制度作为政府发挥环境治理功能的主渠道，对于生态环境的保护和环境弱势群体权益的维护具有至关重要的作用。而在环境监管方面，环保部部长周生贤曾经指出，我国"环保监管力量薄弱的状况尚未扭转，基层环保部门普遍存在'小马拉大车'的现象。……农村基层环保监管力量薄弱"[①]。在这种情况下，加强农村地区的环境监管成为遏制环境退化的必要手段，加强农村环境监管制度建设成为重中之重。

第一，在乡镇一级设立环保机构，负责本乡的环境保护，定期对本乡环境进行巡查，定期对村民进行走访调查，及时了解环境状况。第二，建立环境舆情响应机制。对于农村的环境问题，有些村民长期在网上进行反应，有的也在网上给当地主要领导留言，但这些基层的声音未引起有关部门的足够重视，问题长期得不到解决。可以责成环境部门设立专人负责搜集网络环境舆情，及时作出回应。第三，加大现有环保部门的行政能力。目前县级环保部门在具体工作过程中，缺乏实际的执政力量，县级重大经济决策较少考虑对环境的影响，应该完善目前的决策程序，县级经济决策应先经过环保部门的环评，赋予环保部门更多的行政能力，为其发挥环境保护职能提供基础。第四，加强环保部门作风建设，改变某些地区环保部门的不作为现象。环保机构是环境保护的先锋和主力军，是我国环境治理的主要依靠力量。但长期以来，有些地区环保部门的不作为现象严重，以罚代管、不告不究、告而不究、只出书面意见而不进行跟踪落实等问题时有发生。所以，应制定对环保部门工作人员的绩效考核制度，提高环保部

---

① 周生贤：《深入推进环保体制改革创新　积极探索中国环保新道路》，《中国机构改革与管理》2011年第3期。

门的工作效率。第五，政府部门联动，加强环境监管。安全生产监督部门可以加大安全生产检查力度，尤其是排查日常生产过程中的污染因素及致病可能，配备必要的劳动防护措施，注意生产过程中的环境安全等；司法部门要积极受理环境纠纷案件，提供律师援助，举证责任合理配置，只要能证明企业有污染行为就应考虑企业的过失；工商部门可以加强对企业的绿色审核、绿色信贷等；乡镇基层政府可以加强对农村养殖户的规范和管理，制定养殖场所环境标准，对周边住户进行补偿等。

五　加强对乡镇企业的管理

总体来看，多数乡镇企业技术条件较为落后，缺乏必要的废水、废气净化处理设施。有些企业即使配备了净化设施，也往往是应付检查之举，平时并不使用。在企业的生产过程中，废水、废气、废渣等不经处理直接排放，或者进行极为简单的处理，对环境质量造成重大危害或隐患。因此，加强对乡镇企业的环境监管，构建一个较为完备的环境监管制度，是当前环境弱势群体权益保障的重要突破口。

第一，严格规范各地的招商引资行为。一个时期以来，为了增加政府的财政收入，各地先后出台了招商引资的优厚条件，吸引各类投资主体。但在招商引资的过程中，对于企业清洁生产的能力并未给予足够的重视，造成对当地环境的不可逆转的影响。所以，当前应严格贯彻中组部2013年12月印发的对干部考核的最新规定，不单纯以GDP的增长来作为干部考核的依据，充分考虑本地的综合情况，不盲目引进污染企业，遏制污染企业由大中城市向县乡转移的趋势，优化县乡产业布局，禁止高污染企业向经济欠发达地区转移。第二，严控现有乡镇企业的污染行为。对现有县乡两级企业进行环境影响普查，对于有能力达标排放的企业，限期整改，责成它们达标排放；对于没有环评证书、技术落后、没有可能达标排放的企业，在做好职工安置的情况下，坚决关停，避免造成新的环境危害。第三，严格控制乡镇企业的数量。原则上不再批准新上化工企业、造纸企业、农药企业等污染严重的企业，现有的此类企业规模不准扩大，逐步减少此类污染企业。第四，建立乡镇企业"绿色年审"制度。发挥社会群体尤其是乡镇企业周边群体对乡镇企业的监督作用，将周边民众的满意率作为企业年审的指标，引导乡镇企业改进技术，保护环境。第五，运用市场手段，对于环保工作先进企业，运用媒体进行表彰，引导消费者的绿色消费；对于给环境造成恶劣影响的，限期整改，否则在媒体予以公布，号召消费者抵制其产品。

六　深入推进环境责任保险制度

环境污染造成的损失往往是非常严重的，不仅造成对环境的影响，也会波及依赖于这一环境的群体。这些损失数额巨大，即使是穷尽企业的所有资本也难以完全弥补。为了使受害者及时得到足额补偿，同时帮助企业规避风险、降低政府的财政压力，稳定社会秩序，国际社会普遍发展了环境责任保险制度，如丹麦、德国、美国、英国、法国等国家普遍发展了较为完备的环境责任保险，德国甚至将其作为强制性险种，要求所有工商企业投保。

我国国务院已于 2006 年出台了发展环境污染责任险等若干意见，环保部也于 2009 年在江苏、湖南、湖北、河南、重庆、深圳、宁波和沈阳等地开展环境污染责任保险试点。目前我国已有 19 个省（区）设立环境保险制度，我们可以在总结试点经验的基础上，进一步运用市场手段，完善我国的环境污染责任保险制度。首先，制定相关政策，要求 16 类重污染行业企业缴纳环境污染责任保险，以应对可能的环境风险；其次，要求企业必须为工人购买环境责任保险，以便在工人健康受损时提供必要的补偿；最后，将环境污染责任保险的部分资金进行集中管理，以便为遭受损失的群体提供救助资金。

七　加强对相关人员的生态环境教育

自 20 世纪 60 年代起，国际社会开始意识到生态问题的严重性，着手进行生态教育。在政府和教育界倡导下，我国以多种方式开展了以环境保护为主要内容的生态教育，为我们的相关工作提供了若干借鉴。首先是从教育的受众来看，生态环境教育绝不仅仅限于在校学生，而是包括广大公民在内的全部国民。其次是从教育的内容来看，生态教育作为一种跨学科的整体教育，其内容涵盖生态学、地理学、环境科学、社会学、人口学等多种学科门类，包含有国情教育、可持续发展观、科学发展观和生态文明观等多种新思想、新观点和新知识等。最后是从教育的持续时间来看，生态教育的延续时间贯穿公民终生，是最富长度和广度的一种教育。

　　加强对环境弱势群体的权益保护也需要加强对相关人员的生态环境教育，教育先行，可以起到事半功倍的效果。首先，加强对基层政府官员及工作人员的环境教育。政府官员的环境意识对于当地的环境质量起着重要作用，在县级党校培训内容中应加大环境保护内容的比例，加入环境法、环境伦理、环境政策、环境经济学等方面的内容，不断增强基层政府人员的环境意识。其次，加强对企业主管和从业人员的环境教育。对企业主管进行环境教育，申请企业行政审批必须进行环境污染防治基本知识的学习，测试合格才能批准企业注册，每年进行定期环境培训，并进行环境污染事件通报等。加强对企业主管的道德引领，促进他们自觉履行企业的社会责任，建立新型的和谐企民关系，发展企业和居民协商制度等。对于企业从业人员，加强环境宣传和教育，增强他们的环保意识和对环境违规行为的抵制能力。最后，加强对农村居民的环保教育和健康教育。可以组织环境保护、医疗保健、环境维权等方面的专家，深入农村地区进行宣讲，提高农民的环境意识和保健知识，增强其维护自身权益的能力等。

　　总之，关心环境弱势群体的权益保护，既是以人为本执政理念的集中体现，也是社会建设良性运行的必要条件，更是公平正义弘扬彰显的现实要求，是社会主义制度优越性的集中体现。做好环境弱势群体的帮扶工作，是我党执政能力的集中体现，是推动社会管理进步的重要契机，是树立良好国际形象的有利条件。相关决策部门应高度重视环境弱势群体帮扶工作，建立健全环境弱势群体权益保障的具体制度，解决他们的实际困难，切实改善民生，维护社会的长治久安。

结语　以人为本，建设生态文明

第一节　科学发展观与以人为本

科学发展观是我国当前的指导性发展理念，它由胡锦涛同志在2003年全国防治"非典"工作会议上最早提出。党的十六大以来，尤其是十六届三中全会以来，我们集中全党智慧，不断充实和完善科学发展观，使之逐步走向理论成熟。党的十七大报告对科学发展观进行了系统深刻的论述，并提出要全面贯彻落实科学发展观的战略任务。可以说，科学发展观是我国经济社会发展的重要指导方针，是发展中国特色社会主义必须坚持和贯彻的重大战略思想。科学发展观，第一要务是发展，核心是以人为本，基本要求是全面协调可持续发展，根本方法是统筹兼顾。

一　以人为本的核心理念

发展从其基本意义来看，是指人或事物由小到大、由简单到复杂、由低级到高级的变化。从国家层面来看，发展是指一个国家或地区在经济实力、政治实力、文化实力等方面的增长和提高。在当今全球化的大背景下，各国之间的竞争日益激烈，发展成为任何一个国家生存的基本条件。所以，发展始终是各国政府关注的首要问题，是解决国内一系列问题的基本条件，也是提高国际竞争力的必要基础。正确看待发展，树立合理而恰当的发展观，是关系一国发展方向的基本问题，是关系一国整体经济、政治政策的战略问题。中国共产党立足中国的基本国情，坚持马克思主义的立场，总结以往发展经验，借鉴西方国家的先进发展理论，创造性地提出了以人为本的科学发展观。

以人为本是科学发展观的核心，它的基本要求是尊重人民的主体地位，始终以最广大人民的根本利益为出发点和落脚点，解决好人民群众最关心，最直接、最现实的利益问题，实现好、维护好、发展好最广大人民的根本利益。以人为本是唯物史观的基本原则，体现了人民群众是历史创造者的基本观点，也是我党根本宗旨的体现。以人为本这一核心理念解决了发展的根本目的问题，我们的发展不是单纯追求 GDP 的增长，不是单纯物质财富的增长，而是为了人的全面发展，为了人民群众生活质量的切实提高。所以，在科学发展观的视阈下，发展不再只是对经济增长的追求，而是把人作为发展的尺度和衡量标准，以人民群众根本利益的满足为目的。发展是为了人民，发展要依靠人民，发展成果也要由人民共享。

二　全面协调可持续的发展

世界各国在发展观问题上存在明显差异。国际社会通常以经济增长率、国内生产总值等数据来衡量发展的程度，这在一定意义上是有价值的，但如果仅仅看重数据的变化，追求经济因素的单方面增长，而忽视社会其他因素的发展，必然会造成社会的畸形发展，有可能导致严重的社会矛盾，引发各种社会危机。我们在发展的目的方面突出了以人为本，而在发展的具体要求方面，则提出了全面、协调、可持续。

首先，发展是包括经济、政治、文化、社会等领域的全面发展。以经济建设为中心，并不等于经济唯一论的发展理念，而是必须在经济发展的同时加强社会主义政治建设、社会主义先进文化建设、社会主义和谐社会建设、社会主义生态文明建设等，唯此才能推进社会主义事业的全面进步。其次，发展是社会各因素围绕着中国特色社会主义建设的总体目标，相互配合、协调前进的发展。在社会发展过程中，要综合运用系统思维，促进各项改革政策和措施之间的协调，使它们形成合力，促进生产关系与生产力、上层建筑与经济基础之间的协调。最后，发展是人与自然和谐的、经济社会可持续的发展。可持续发展既是对发展的坚持，也包含了对公平正义的推崇。可持续发展首先倡导代际公平，重视后代人需求的满足；可持续发展倡导代内公平，注重对贫富差异和城乡差异的克服，注重解决困难群众的问题；可持续发展倡导种际公平，倡导爱护自然、尊重自然的观念，注重建立人与自然和谐的关系，在坚持社会进步和经济发展的同时加强对环境的保护。

三 统筹兼顾的根本方法

发展是每一个国家和民族的追求目标，但是怎样发展、在推动发展方面应坚持怎样的方法论，这是关系到发展能否持续进行的重要问题。综观世界发展历史，不少国家因为在发展过程中没有处理好发展各要素之间的关系，尤其是没有协调好社会群体之间的利益关系，没有考虑广大民众的利益需求和其他需求，导致社会矛盾的不断深化，影响了社会的和谐与稳定。而科学发展观在阐明了发展的目的和发展的要求之后，又进一步明确了发展的根本方法——统筹兼顾。这是我们在回顾我国发展历程、借鉴国外发展经验的基础上，适应发展新局面而进行的方法论创新。

统筹兼顾要求从全局出发整体谋划发展的总体格局，就是要总揽全局、科学筹划、协调发展、兼顾各方。首先，统筹兼顾是科学的方法论和运筹学。现代生态科学的产生和发展，对人们的思维方式产生了重要影响，线性思维方式的弊端已经充分显现，系统思维的优势日益突出。系统性思维尊重事物的系统性和复杂性，主张从整体的角度来认识事物，而不是仅仅从分析还原的角度来看待事物。在系统思维的视阈下，发展必须是整体的发展，局部发展是为全局发展服务的，而科学发展观正是体现了现代科学系统思维的核心要求。其次，统筹兼顾要总揽全局、统筹规划。主要应做好十个方面的统筹，包括统筹城乡发展、统筹区域发展、统筹经济社会发展、统筹人与自然和谐发展、统筹国内发展和对外开放、统筹中央和地方关系、统筹个人利益和集体利益、统筹局部利益和整体利益、统筹当前利益和长远利益、统筹国内国际两个大局。最后，统筹兼顾要求对突出问题着力推进、重点突破。唯物辩证法的根本方法是矛盾分析法，它要求在两点论的基础上坚持重点论，既要着眼于全局，又要解决突出矛盾。统筹兼顾也并不要求在各项工作中平均用力，而是要求抓住重点，着力推进，如当前群众关心的利益问题、城乡差距问题、收入分配问题等均应加以重视，尽快出台协调方案。

第二节　生态文明概念辨析

生态文明建设是一项复杂的系统工程，加强对生态文明建设的理论研究，可以促使我们思考生态文明在整个社会结构中所处的位置和所起的作用，使我们进一步明晰生态文明建设的目标、要求和着力点，减少我们在生态文明建设中的盲目性，有效推进生态文明建设。

一　生态文明的本质规定

加强生态文明建设已成为社会各界的强烈共识，但在关于"什么是生态文明""生态文明的本质规定性是什么"等问题上我们还存在若干不同认识。我们可以从宇观—宏观—中观—微观四个层次来分析生态文明的本质规定。

首先是从宇观层次来看，生态文明是指自然生态系统中不同物种之间的多元共生以及生态系统整体的稳定、和谐和发展。生态学研究的结果表明，生态系统内不同物种的共生和依存是生态系统健康有序存在的前提，一个物种的消失会影响其他与之相关的物种的命运，进而危及整个生态系统的平衡和维持。正是在这一意义上来说，生态文明就是尽可能多地保持物种的多样性，保护濒危物种，维持生态系统的平衡。笔者认为，这是生态文明最为广义的内涵，它是以自然生态系统的平衡为基础的。

其次是从宏观层次来看，生态文明是指人类与自然界之间的互相依存、友好和谐的关系。从历史发展顺序来看，人类的自然观经历了神化时期的自然观、朴素唯物主义自然观、中世纪神学自然观、机械论自然观、辩证唯物主义自然观等基本的发展阶段，对自然的认识也经历了自然的附魅、祛魅和返魅等逻辑进程。在不同自然观的指导下，人类对待自然的态度是不同的，与自然的关系也大相径庭。在辩证唯物主义自然观的视阈下，自然具有生成性、复杂性、自组织性等有机特性，人类应尊重自然、爱护自然，与自然和谐共处。这是生态文明宏观层次上的本质规定，是生态文明较为广义的内涵规定。

再次是从中观层次来看，生态文明是指维持人类社会持存的有效物质力量之间的平衡和可持续发展。人类社会存在和发展依赖于一系列必要的物质力量的存在和可持续，而这些物质力量之间的平衡则构成了生态文明中观层次的内容。具体而言，生态文明要求处理好人口、资源、能源、环境、生态和灾害等物质要素之间的关系，做到这些物质力量的平衡和可持续。生态文明最基本的要求是："建立一个人口均衡型的社会、资源和能源节约型的社会、环境友好型的社会、生态安全型的社会和灾害防减型的社会……"① 笔者认为，这是生态文明与政治文明、经济文明、社会文明等相比较而言的自身规定性。

最后从微观层次来看，生态文明是指相对于渔业文明、农业文明和工业文明的一种文明形态，是一种"后工业文明"。从人类社会占主导地位的生产方式来看，人类的生产方式主要有渔业、农业、工业等组织形式，到了工业社会阶段，由于对自然的依赖程度降低，在大大提高了生产效率的同时，人与自然疏离，造成了对自然的漠视和破坏，工业文明的生产方式因而成为生态环境危机的主要原因之一。因此，从这一意义上来看，生态文明是在扬弃工业文明生产方式弊端的基础上形成的、超越于工业文明的一种生产方式，是一种工业文明之后的文明。可以说，将生态文明界定为后工业文明是一种较为狭义的理解，甚至是一种最为狭窄的界定。

因而，从不同的层面来看，生态文明的本质规定的范畴是有广狭之分的，国内学者对生态文明的理解最初一般集中在狭义理解的层面，即从后工业文明的角度来界定生态文明；但随着生态文明建设进程的推进，我们发现对生态文明仅作狭义的理解是不全面的，无法涵盖日益丰富的生态文明建设实践，也无法回应生态文明建设进程中的若干诉求，因而，从更为宽广的范畴来理解生态文明的本质规定，逐渐变得越来越有必要，对于生态文明的理解也逐步变得越来越宽泛。

二 生态文明的历史地位

在关于生态文明的历史地位方面有一个长期争论未决的问题，即生态

---

① 张云飞：《试论我国生态文明建设的基本目标和基础工程》，《山东青年政治学院学报》2014年第3期。

文明是人类社会发展的一个阶段还是人类社会的一个永存结构维度。这一问题关系到我们对生态文明建设的总体战略规划和具体路径设计，是一个具有深刻实践意义的理论问题。在这一问题上，学术界有两种不同的观点，一种观点倾向于认为生态文明是人类社会发展的一个阶段，如广为人知的"后工业文明"说；另一种观点则认为生态文明是人类社会发展的永存结构维度，是与人类社会共存亡的一种社会组成部分。造成上述两种不同观点的主要原因在于对生态文明概念理解的不同，前一种观点主要从狭义的角度即从生产方式的角度来理解生态文明；后一种观点则从更为广义的角度即人类社会物质力量平衡的角度来理解生态文明。因此，对生态文明理解的广狭之异是导致相关争论的主要原因。

笔者认为，关于生态文明的历史定位问题，应从历史唯物主义的视阈来加以看待和认识。从唯物史观的视阈来看，从自然界获得必要的物质生活资料是任何一个社会形态的首要存在基础，自然的持存是人类社会存在和发展的前提。也就是说，任何一种社会形态的存在都面临一个如何处理人与自然关系的问题，而人与自然的关系问题是生态文明最核心的内容。因而，任何一种社会形态都必须面临的一个基本问题就是如何建设生态文明的问题。

在渔业文明时期和农业文明时期，由于人类向自然索取物质资料的能力和速度的局限，以及人类需求总量的局限，自然能在较大程度上满足人类的需求，因而，看起来人与自然之间存在着较为和谐的关系；但是，人与自然之间并非完全和谐，人类由于自身生存的需要，从农耕时代起就大量填海造田、毁林开荒、播种庄稼、清除杂草等，这些行为其实都破坏了自然界生物物种和自然形态的多样性。到了工业文明阶段，这一矛盾由于人类索取能力的加速而日益加剧，最终发展成广泛的生态危机。但我们不能简单地认为，仅仅在工业文明阶段才存在人与自然的矛盾，只要我们跨越了工业文明这一阶段，生态文明就能实现。可以说，人与自然的矛盾是与人类社会相伴始终的三大矛盾之一，是任何一种社会形态都必须面对的基本问题。

从终极意义上来看，生态文明是指在一定限度内保持自然环境及物种多样性的一种人为努力。它是任何人类社会存在的基础和前提，是任何人类社会必须具有的结构维度。所以，笔者认为，将生态文明视为人类社会的一个永续结构的观点较前一种观点更为契合历史实践，它可以克服在生态文明建设方面的浮躁心态和技术化倾向，对于生态文明建设的战略决策和生态文明具体建设路径的选择也更具现实指导意义。如果我们将生态文明理解为人类社会一个永恒的必要结构，那么它必然是超越于技术层面的复杂系统，与社会其他组成部分之间存在深刻的互动关系，需要通过相关制度设计的完善来加以落实的。

三　生态文明建设的哲学立场

建设生态文明必然涉及如何处理人与自然的关系这一问题，而在这一问题上，也经历了一个认识不断深化的过程，我们可以将这一过程概括为人类中心主义阶段、对人类中心主义否定的阶段以及否定之否定阶段。

第一阶段——人类中心主义阶段。在机械论自然观的视阈下，自然是作为纯粹客体的面貌出现的，它从来如此、永远如此，它所存在的价值就是被人类认识和利用，而没有自身的价值。在这一自然观的指引下，人类在处理人与自然的关系方面秉持的哲学立场一般是人类中心主义，在增加人类福祉这一价值目标的驱使下，人类向自然界发动了"进攻"，"逼迫自然说出它的秘密"，不断向自然索取更多的资源。但随着人类科技的发展，人类对自然的索取和破坏速度远远超出了自然自我修复的速度，各种生态环境问题日益严重，人们开始反思人与自然的关系，寻找问题的症结所在，从而出现了广泛的对人类中心主义进行批判的生态思潮。由此，进入了人与自然关系的第二个阶段。

第二阶段——对人类中心主义进行否定的阶段。在人类中心主义引发了大量的生态环境问题之后，西方生态启蒙学者对这一哲学立场进行了深刻反思，提出了基于反思和批判的各种哲学立场，影响较大的有生态中心主义、动物权利论、生物中心主义等哲学立场，我们将其统称为"反人类中心主义"的哲学立场。这些立场的生态思潮包括大地伦理学、深生态学等较为激进的生态思潮。从人类思想发展史的角度来看，各种反人类中心主义的立场从不同侧面反思了人类中心主义的弊端，强调了生态整体的价值、大动物的权利、生物物种之间的平等理念等，对于克服人类中心主义的弊端具有深远意义，促进了全球范围的生态意识革命。但这类哲学立场往往过于激进，很难在社会生活中得到落实，从方法论上来看这种立场是将人类视为一个类整体来看待，没有考虑到不同社会阶层之间群体的差异，也存在较大的局限性。

第三阶段——对人类中心主义的否定之否定阶段。在经历了对人类中心主义的批判之后，人们发现，作为人类，我们是无法完全超越物种的局限而站在非人类中心主义的立场之上的，非人类中心主义作为一种理想的形态存在，有其自身的合理性和价值，但从现实的政策决策的层面来看，我们还必须寻找一个更为恰当的哲学立场。英国学者戴维·佩珀在总结了上述不同的哲学立场之后，提出了一种更具现实性和紧迫性的立场——弱的、集体主义的人类中心立场。他认为，对于那种强意义上的人类中心主义的批判是必需的，但是为了人类的利益，而坚持一种较弱意义上的，并且是以绝大部分人的利益为取向的集体主义的人类中心主义是必要和可能的。实际上，这一立场也是各国确保环境公正的一个必要立场。

所以，在人与自然的关系问题上，经过历史的发展和反思，经过了否定之否定的发展逻辑，我们目前更倾向于坚持一种较弱意义上的、集体主义的人类中心主义立场。

四 生态文明建设的主体和目标

生态文明建设是在尊重自然的基础上对人与自然关系的修复和重建，相对于人类而言，自然是被动的一方。我们建设生态文明要依靠的主体力量是人，最终的目的也是为了人。

首先，人是生态文明建设的主体力量。无论从哪种维度来看，在整个生态系统中能够部分超越自身物种局限而承担起生态文明建设重任的，只有人类这一物种，因此，生态文明建设的主体是人，而不是自然本身。人可以对生态文明建设的战略和路径做出规划，对自然的自组织系统加以研究，对各个物种之间的平衡加以维护，从而促进生态系统的稳定和平衡。如果进一步对人类社会的结构进行划分，可以发现不同的社会群体在生态文明建设中所起的作用又有所不同，比如富裕阶层和贫困阶层的差异。一般而言，富裕群体对优美环境的要求更高一些，他们倾向于支持保护荒野、国家公园等"深生态"的环保政策；贫困群体由于温饱问题的困扰，他们往往更加注重就业和工资收入，而对环境的要求相对较低，所以在环保意识方面，贫富阶层之间是有较大差距的。但是，当环境的损害已经到了威胁自身生存的境地时，富裕阶层可以有较强的迁移能力，而贫困阶层则缺乏自由迁移的能力，因而在对切近环境污染的抵制力度方面，贫困阶层又由于没有退路而更加坚决。所以，在生态文明建设的过程中，要充分发挥社会各阶层在生态、环保方面的积极作用，并且通过社会博弈和社会整合过程，在不同社会阶层之间形成限制环境污染的制约机制。

其次，人也是生态文明建设的目标。生态文明是维护生态系统稳定和平衡的整体过程，我们要运用多种方法达到自然生态的和谐的稳定，但是不能回避的是，我们维持生态系统的最终目的还是为了人类的发展，其最终目标仍然是人。虽然各种非人类中心主义思潮对人类中心主义进行了种种批判，但我们不能矫枉过正地把人类立场全盘否定，而是必须始终清醒地坚持以人为本的哲学立场，明确我们生态文明建设的目标最终是为了增加人类的福祉，最终是为了实现的人的自由、全面发展。从以人为本的视阈来看，生态文明建设的根本目的是为人民群众提供一个良好的生产、生活环境，不断提高人民群众的生活质量。而提高环境弱势群体的生活质量，更是生态文明建设的当务之急和当然目标。

因此，我们当前所进行的一切社会建设都是在科学发展观的视阈下，立足以人为本展开的，生态文明建设同样是在科学发展观的指导下进行并且以以人为本为基本要求的。

第三节　生态文明建设的人本路径

生态文明建设的主体和目标都是人，而建设的过程是长期和艰难的。在建设生态文明的过程中，如何更好地发挥人的作用，需要我们对人类社会的结构进行深入分析，从激发主体积极性的角度进行更好的制度设计。

一　充分发挥政府的主导作用

在生态文明建设中有一个突出的难题，那就是"绿色施动者"难题，即生态文明是一项典型的公共产品，社会个体是缺乏建设生态文明的原始动力的。这就涉及在各类社会主体中，到底哪类主体能够成为生态文明绿色施动者的问题。而在市场经济条件下，任何单一的社会主体和个人都不具备发动者的能力和积极性，只有作为公共利益代言人的政府，才有能力和义务承担起绿色施动者的责任。所以，在生态文明建设过程中，充分发挥政府的推动作用成为重中之重。

但从我国已有的环境实践来看，政府，尤其是某些地方政府实质上是污染企业的引进者，是环境污染的庇护者或"同谋"，出现了广泛的"政府失灵"现象。如何改变上述在生态文明建设中的政府失灵现象，使得政府真正发挥绿色施动者的社会角色，承担起建设生态文明的主要任务，是我们国家推进生态文明建设首先要解决的问题。笔者认为，可以从以下三个方面入手来解决政府失灵的问题。

首先是改革现有财税制度，减少基层政府的财政压力。从污染企业的地区分布来看，当前出现了污染下移的局面，县城周边集中了大量小型隐蔽性污染企业，这与县级政府的财政压力有一定关系。针对这一情况，应该了解各地县乡两级政府的财政来源状况，适当降低向上级交纳税收的比例，不设经济增长指标要求，减少两级政府的创收压力，保持经济稳定，减少资源消耗，引导县域经济可持续发展，减少短期行为。

其次是建立健全环境政绩考核。要充分发挥政府绿色施动者的积极作用，必须转变发展观念，尤其是要转变政绩考核方式，由原来的 GDP 考核转变为环境考核。一是建立环境问责机制，如果辖区内出现了因民众环境权利保障不善而导致的各类事件，应对主管官员进行问责。主管的辖区出现了严重的环境污染事故并极大地损害了民众切身利益的，对主管官员要一票否决，禁止升迁。二是建立责任追究制。对于为污染企业进行审批的官员，在企业出现问题时，进行回溯追究，不受时间或任期的限制等。三是严禁政府官员在企业中参股、入股，杜绝官员与企业的利益关联。四是以本地区环境质量的优化和居民的环境满意度等指标为依据，设计环境考核的标准，作为对官员考核和晋升的依据。

最后是充分发挥基层环保部门生态文明建设排头兵的作用。发挥政府部门在生态文明建设中的积极作用，除了增强主管官员及行政部门的生态环境意识、对主管官员进行环境考核之外，还必须进一步明确各级环保部门在生态文明建设中的职责，充分发挥环保机构的主力作用。目前制约基层环保机构发挥作用的主要有两个问题，一是体制机制不健全，二是人员配备和运转经费严重不足。从我国环保机构的基本建制来看，目前环保机构一般包括省、市、县三级建制，而以乡镇为基层政权单位的广大农村则基本没有设立环保机构，这是我国农村地区频繁出现环境污染事件的重要原因。因此，在乡镇一级建立健全环保机构，加强对农村地区的环境监管，是当前生态文明制度建设的一项重要任务。另外，对于现有县区级环保部门，应进一步增加人员配备和经费拨付，注重加强其执政积极性和执法能力，避免县区环保部门依靠对污染企业的罚款维持运转的状况。

只有建立起严格的环境考核机制和环境追责机制，才能不断优化政府在环境治理中的角色定位，承担起提供良好环境这一公共职责，切实发挥好生态文明建设"绿色施动者"的作用，全面启动生态文明建设。

二　适度节制资本逻辑

资本主义的生产资料私有制是造成生态危机的重要原因之一，马克思曾经说过："私有制使我们变得如此愚蠢而片面，以致一个对象，只有当它为我们所拥有的时候，就是说，当它对我们来说作为资本而存在，或者它被我们直接占有，被我们吃、喝、穿、住等等的时候，简言之，在它被我们使用的时候，才是我们的。"[①] 可以说，资本主义制度和市场经济放大和纵容了人类的贪婪，导致对自然资源的过度掠夺，从而是一种诱发生态危机的宏观社会制度。而维持资本主义制度的核心和灵魂就是资本逻辑，资本逻辑是以利润为唯一目的的经济发展模式，是驱动市场经济发展的原始动力。资本逻辑在发挥市场经济在资源配置和调动劳动者积极性方面，可以发挥巨大的作用，对于社会效率的提高具有强大的激励作用。但是，在生态文明建设的过程中，资本逻辑只追求利润的单一目标往往成为企业环境污染的最大动力，成为环境治理中"市场失灵"的罪魁祸首。所以，我们看到的企业社会责任的缺失、对于环境弱势群体生存环境的肆意破坏，幕后的推手都是资本逻辑。

近年来，西方左翼学者对资本逻辑的生态弊端进行了深入持久的揭露和批判，资本逻辑的运行只顾利润的获得，而不考虑环境的承载力和社会的健康发展，是一种盲目而强大的生态破坏力量。在我国当前条件下，以市场为主要的资源配置方式有利于调动社会各方面的积极性，保持我国经济领域的活力。但是，在生态文明建设的进程中，我们必须充分认识市场

---

① 《马克思恩格斯文集》（第1卷），人民出版社2009年版，第189页。

经济条件下资本逻辑的生态弊端，充分发挥我们社会主义国家宏观经济调控能力，注意对资本逻辑的适度节制，在制度设计和市场准入等多个环节节制资本逻辑的盲目发展，避免资本逻辑的横行引发环境的崩溃。

节制资本逻辑，首先要坚持社会主义公有制的主体地位。经济上的公有可以有效克服私有制造成的贪婪心理，有利于企业社会责任的实现。我们在当前的建设中，既要充分利用资本，发展我国的综合实力，又要对资本的生态弊端时刻保持清醒，逐渐扬弃私有制，完善生产资料所有制形式。其次要加强社会主义核心价值观的教育。社会主义核心价值观倡导社会主义取向的金钱观和利益观，对于抵制资本主义的消极影响具有重要作用。再次要将科学发展观深入落实。在社会发展的各项规划中，严格坚持以人为本的立场，所有决策均应充分考虑维护群众的切身利益，而不是在资本逻辑的陷阱中，唯利是图，不顾群众的生命健康等社会底线。

从全球范围来看，生态环境危机之所以在全球迅速蔓延，与资本逻辑在全球的蔓延是密切相关的。自觉抵制资本逻辑的侵害，坚持以人为本的立场，坚持站在广大民众的角度来看待发展，始终以人民群众的利益为最终旨归，是保护环境的必然路径。

三　完善基层环境民主

生态环境的公共性以及影响的广泛性，使得环境问题与政治问题具有天然的紧密联系，因此，环境危机迫使各国改变原有的政治组织方式，通过体制、机制的完善来应对环境问题，可以说，环境问题极大地改变了各国的政治组织形式，促进了很多国家的政治改革进程，尤其是民主化进程。在我国生态文明建设的过程中，如何更充分地发挥环境民主，尤其是基层环境民主的作用，既是环境领域的重要问题，也是政治改革的方向之一。

完善基层环境民主，首先需要提高基层群众的生态环境意识。生态环境意识的高低与受教育程度密切相关，与经济生活水平也直接相关。在广大农村地区及某些落后地区，民众的环境意识还普遍较淡薄，不利于基层环境民主的实施。在这些地区，首要的任务是通过多种途径，教育引导民众不断提升生态环境意识，树立环保理念，增强参与环境事务的积极性，增强环境参与的能力。

完善基层环境民主，还需要通过制度设计鼓励民众参与当地的环境决策。环境决策的精英化往往导致对某些群体利益的忽视，容易给资本逻辑的运行提供空间，导致环境的破坏或民众利益的受损。规定环境决策必须经过民主程序，可以在一定程度上减少这些损失。因此，在环境决策过程中，应逐步建立民主投票环节，逐步实施当地民众参与的全民公投。

完善基层环境民主，还需要进一步发挥公民对环境的监督权。我国当前某些环保部门已经建立了环境问题网上投诉信箱、举报电话等，鼓励公民对环境进行监督。但是投诉邮箱设置的回复时间一般在一个月以上，而对于某些环境突发性事件而言，这样的处理效率显然是不够的。另外，有些举报电话长期无人接听，影响了民众监督的效果。所有这些，都是对民众监督权不够重视的结果，需要进一步予以改进。

总之，在当前我国环境形势日益严峻的情况下，我国的生态文明建设任重而道远，需要集中社会各方面的力量进行攻坚战。而在这场生态战役中，无论是生态文明建设的主体力量，还是生态文明建设的最终目标，都是以人民群众为旨归的。因此，生态文明的战略规划和具体措施都必须在以人为本的前提下，立足于保障广大群众，尤其是环境弱势群体的基本权益来考量，都必须在维护社会公正和环境正义的前提下，对各项政策和环境法律予以完善，开创一条以人为本的、中国特色的、社会主义的生态文明建设道路。

附录一 山东环境状况调查问卷

调查机构：<u>山东建筑大学法政学院</u>　调查时间：<u>2014 年 1 月</u>

问卷编号：_____

尊敬的女士/先生：您好！

感谢您在百忙之中接受问卷调查。本问卷采取不记名方式填答，纯为学术研究所用，保证绝对保密。

本问卷以下问题除特别注明的以外皆为单项选择，请在相应的选项下打"√"；选项后面有下划线的为开放性问题，请写出您的观点。

课题负责人：刘海霞

一　您的基本情况

1. 您所在的地区：

<u>山东省_____市_____县（区）</u>

2. 您所在的村庄（社区）位于：

A. 大中型城市中心　　B. 大中型城市郊区　　C. 县城或县级市中心

D. 县城或县级市周边　　E. 与城市距离较远的地区

F. 其他：_____

3. 您所在的村庄（社区）是否处于下列流域：

A. 马颊河流域　　B. 淮河流域　　　　C. 徒骇河流域

D. 黄河流域　　E. 孝妇河流域　　　　F. 其他：_____

4. 您的家庭人均月收入：

A. 200 元及以下　B. 201—1000 元　C. 1001—4000 元　D. 4000 元及以上

5. 您的联系方式（欢迎留下，以便我们进一步调研，我们对此绝对保密）：

电话：_____；邮箱：_____；QQ：_____

二 您所在村庄（社区）的基本环境状况

1. 您所在村庄（社区）的垃圾处理情况（可多选）：

A. 基本堆放在河边、池塘边等　　　B. 各家随意堆放在自家院内

C. 有垃圾箱、垃圾站等　　　　　　D. 有垃圾分类设施　　F. 其他：_____

2. 您所在村庄（社区）村民的饮水情况（可多选）：

A. 河流、湖泊等地表水　　　　　　B. 井水

C. 集中供应的自来水（河水）　　　D. 集中供应的自来水（地下水）

E. 基本靠购买商品水　　　　　　　F. 其他：_____

购买商品水的原因（请选择）：

G. 供应水质量太差，无法饮用　　　H. 家庭经济条件较好，注重生活质量

3. 您所在村庄（社区）集中供应的饮用水水质：

A. 很好　　B. 较好　　C. 一般　　D. 较差　　E. 很差

4. 您所在村庄（社区）的地表水（河流、湖泊、沟渠等）水质：

A. 很好　　B. 较好　　C. 一般　　D. 较差　　E. 很差

5. 地表水的具体状况（可多选）：

A. 水质清澈，可用来浇灌、养殖等　　B. 水质浑浊，鱼虾不能成活

C. 水体呈红色，并伴有刺鼻气味　　　D. 水体呈黑褐色，并伴有臭味

E. 其他：_____

6. 您所在村庄（社区）的空气质量：

A. 很好　　B. 较好　　C. 一般　　D. 较差　　E. 很差

7. 您所在村庄（社区）的空气状况描述：

A. 空气质量正常　　　　　　B. 空气中粉尘较多，能见度低

C. 空气中弥漫着难闻的气味　　D. 雾霾较多　　E. 其他：_____

8. 您所在村庄（社区）环境的变化情况：

A. 一直很好　B. 在变好　　C. 没变化　D. 在变差

变好的原因：＿＿＿＿＿＿＿＿＿＿＿

变差的原因：＿＿＿＿＿＿＿＿＿＿＿

9. 所在村庄（社区）是否集中有下列共同病症，请选择（可多选）：

A. 恶性肿瘤（请选择）（①胃癌；②肝癌；③肺癌；④其他）

B. 肾病　　C. 消化系统疾病　　D. 呼吸系统疾病　　E. 皮肤病

F. 没有共同病症　　G. 其他疾病：＿＿＿＿＿＿＿

导致疾病的可能原因：＿＿＿＿＿＿＿＿

10. 您所在村庄（社区）近五年恶性肿瘤患病情况（可多选）：

A. 在增加　　　B. 在减少　　C. 变化不明显　　D. 不清楚

E. 其他：＿＿＿＿＿＿＿＿

三　关于农村（社区）养殖户的调查

11. 您所在村庄（社区）有无从事较大规模养殖业的农户：

A. 没有　　B. 有

11.1 养殖户对周边环境是否有不良影响：

A. 没有影响　B. 影响较小　C. 影响一般　D. 影响较大　E. 影响很大

11.2 养殖户对周边环境的影响方式（可多选）：

A. 废水排放的影响　　B. 动物粪便排放的影响　C. 恶臭气味的影响

D. 噪声影响　　　E. 其他影响＿＿＿＿＿＿＿

11.3 养殖户与周边邻居的关系：

A. 关系很好　B. 关系较好　C. 关系一般　D. 周围邻居对养殖户有意见　E. 周围邻居对养殖户很愤怒，曾向上级反映

11.4 您认为养殖户在减少环境危害方面存在哪些困难（可多选）：

A. 缺乏环境意识　　B. 缺少减少环境污染的技术　　C. 地方政府没有详细规定，缺少规范　　D. 缺少控制环境污染的资金

E. 其他：＿＿＿＿＿＿＿

11.5 您对规范农村或社区养殖户行为的相关建议（可多选）：

A. 加强立法，对养殖户行为登记管理　B. 养殖户与居民区保持适当

距离　C. 养殖户应对周围邻居进行赔偿或补偿　D. 养殖户应该缴纳一定税收　E. 其他建议：＿＿＿＿＿＿＿

四　关于工矿企业与周边居民关系的调查

12. 您所在村庄（社区）及其附近是否有工矿企业或其他污染源：

A. 没有　B. 有

12.1 工矿企业类型（可多选）：

A. 造纸业　B. 化工业　C. 采矿业　D. 金属业　E. 垃圾焚烧

F. 其他：＿＿＿＿＿＿＿＿＿＿

12.2 污染单位的性质：

A. 国有企业　B. 外资企业　C. 外地人在本乡投资的企业

D. 本地人在本乡投资的企业　E. 小作坊　F. 其他：＿＿＿＿＿＿

12.3 主要环境污染途径（可多选）：

A. 固体废弃物污染　B. 噪声污染　C. 空气污染　D. 水污染

E. 核辐射　　　　　F. 电磁辐射　G. 其他污染：＿＿＿＿＿＿

12.4 污染物排放的时间段（可多选）：

A. 全天排放　B. 夜晚排放　C. 不定期排放　D. 不清楚

12.5 污染单位或污染源对您的生产、生活及健康的影响：

A. 对生产、生活没有影响

B. 不严重，对生产、生活有轻微影响

C. 一般情况，对生产、生活有一定影响

D. 较严重，引发身体不适，造成财产损失等

E. 非常严重，引发了严重疾病

12.6 污染单位与周围居民的关系情况：

A. 关系很好，污染单位给居民相应补偿

B. 关系较好，污染单位给居民补偿

C. 关系一般，污染单位和居民没有直接接触

D. 关系不好，周边居民很愤怒，通过上访或其他手段要求解决问题

E. 关系恶劣，发生武力冲突、居民砸毁生产设备、封堵道路等

12.7 当切身利益受到污染单位的影响时，村民采取过什么措施（可多选）：

A. 向信访部门或环保部门反映　　B. 到法院起诉

C. 在网上发帖呼吁关注　　D. 单独上访或集体上访

E. 与污染单位协商　　F. 未采取措施

G. 其他：＿＿＿＿＿＿＿＿＿

12.8 环保部门或其他政府部门的反应情况：

A. 反应很迅速　　B. 反应较迅速　　C. 反应迅速

D. 反应很不及时　　E. 根本没反应

12.9 村民是否获得过污染企业的赔偿：

A. 通过上访获得过赔偿　　B. 通过起诉获得过赔偿

C. 通过法院起诉，但未胜诉　　D. 起诉胜诉，但没有执行

E. 想要求赔偿，但不知如何获得赔偿　　F. 没想过要求赔偿

G. 其他：＿＿＿＿＿＿＿＿＿

12.10 村民因为何种原因获得过环境补偿（可多选）：

A. 没有　　B. 房屋斑裂　　C. 土地塌陷　　D. 周边有垃圾焚烧站　　E. 周边有核电站　　F. 企业污染致病　　G. 其他：＿＿＿＿＿

12.11 村民通过何种渠道领取过环境补偿金（可多选）：

A. 企业直接发放过补偿金　　B. 企业委托乡镇政府发放

C. 企业委托村委会发放　　D. 企业没有补偿，政府补偿过

E. 企业和政府都没有补偿过　　F. 其他：＿＿＿＿＿

12.12 村民希望通过哪种方式领取环境补偿金：

A. 直接到企业领取　　B. 到乡镇政府领取　　C. 到村委会领取　　D. 到银行部门或信用社领取　　E. 其他：＿＿＿＿＿

12.13 村民希望政府对周围的污染行业采取哪些措施（可多选）：

A. 关闭停产　　B. 搬迁　　C. 加强监管　　D. 责成企业赔偿

E. 定期收集周边居民意见　　F. 与周边居民保持适当的安全距离

G. 其他：＿＿＿＿＿＿＿＿＿

五　关于工矿企业及一线工人的情况调查

13. 您的家人或亲属是否在企业工作（或曾经在企业工作）：

A. 否　B. 是

13.1 您的家人或亲属所在的企业类型（可多选）：

A. 造纸业　B. 化工业　C. 采矿业　D. 电镀业　E. 金属业　F. 其他：_____

13.2 您的家人或亲属在企业中的分工：

A. 管理人员或技术人员　　　B. 一线工人

13.3 您的家人或亲属所在的企业有无环境污染行为：

A. 没有　　　　　　　　　B. 偶尔有　　　　　　　C. 经常有

D. 一直有但不太严重　　　E. 一直有并很严重

13.4 该企业在生产中出现污染行为的主要原因（可多选）：

A. 企业拥有技术设备，但管理者要求节约成本造成污染

B. 企业缺乏必要的设备，因为技术不达标造成污染

C. 企业工人不按规定流程操作造成污染

D. 其他：_____

13.5 环保单位对该企业环境污染的处理情况（可多选）：

A. 经常进厂检查，督促整改　B. 偶尔检查，并处以罚款

C. 要求企业每年固定上缴一定数额的罚款，平时几乎不监管

D. 罚款数额很小，与企业利润相比，可以忽略不计

E. 不检查，也没有罚款　　　F. 其他：_____

13.6 您的家人或亲属在生产过程中有无环境致病风险：

A. 没风险　　B. 风险较小　C. 风险较大　D. 风险很大　E. 已经致病

13.7 企业是否为他（她）购买了环境责任保险：

A. 是　　　　　　B. 否　　　　　C. 不清楚

问卷已全部回答完毕。再次感谢您！祝您健康愉快！

附录二 山东环境状况调查 问卷回答情况汇总

一 您的基本情况

1. 地区分布

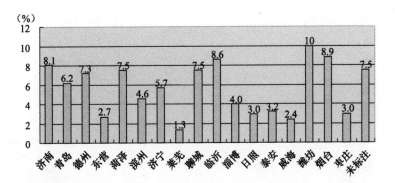

2. 区域类型

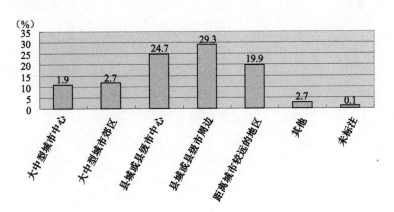

3. 流域分布

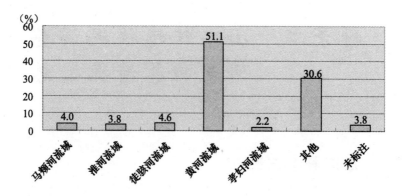

4. 家庭人均月收入状况

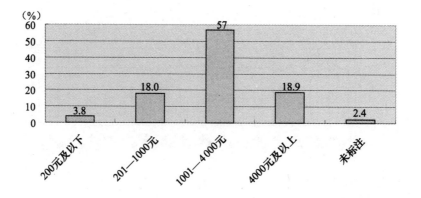

二　您所在村庄（社区）的基本环境状况

1. 您所在村庄（社区）的垃圾处理情况（可多选）

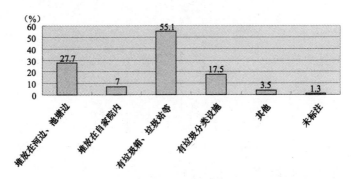

2. 您所在村庄（社区）村民的饮水情况（可多选）

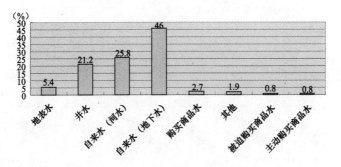

3. 您所在村庄（社区）集中供应的饮用水水质

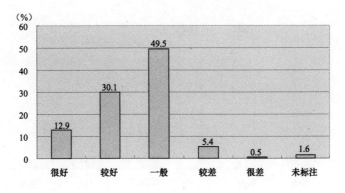

4. 您所在村庄（社区）的地表水（河流、湖泊、沟渠等）水质

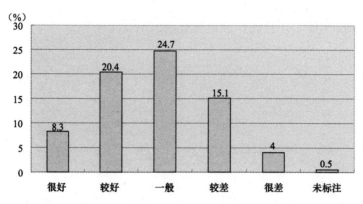

5. 地表水的具体状况（可多选）

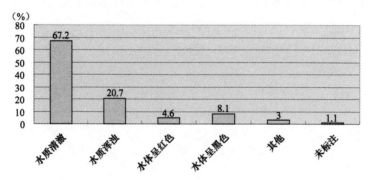

6. 您所在村庄（社区）的空气质量

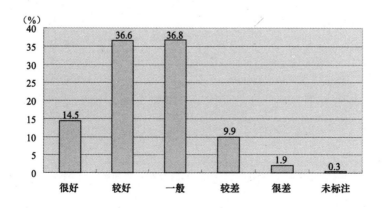

7. 您所在村庄（社区）的空气状况描述

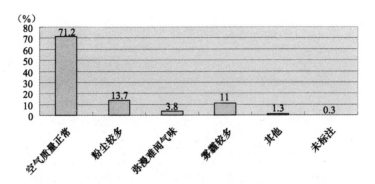

8. 您所在村庄（社区）环境的变化情况

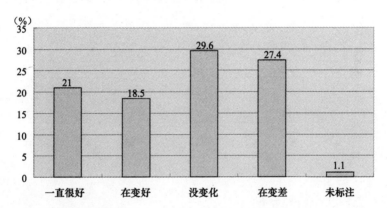

附：环境变好的原因

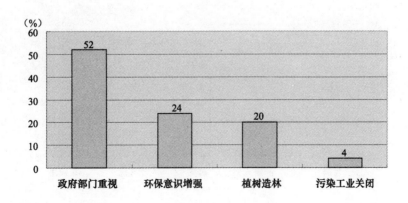

附：环境变差的原因

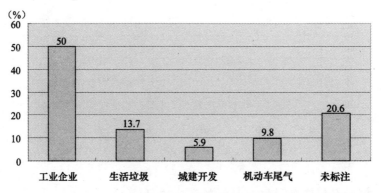

9. 所在村庄（社区）是否集中有下列共同病症，请选择（可多选）

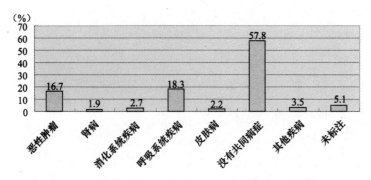

附：恶性肿瘤病种分布

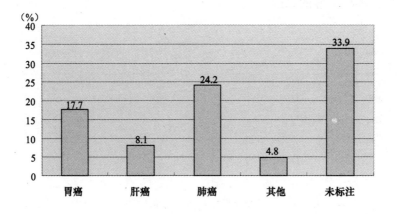

10. 您所在村庄（社区）近五年恶性肿瘤患病情况（可多选）

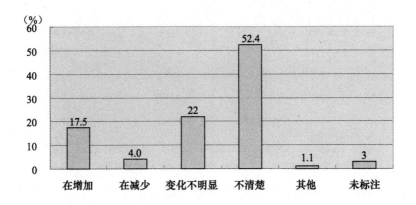

三 关于农村（社区）养殖户的调查

11. 您所在村庄（社区）有无从事较大规模养殖业的农户

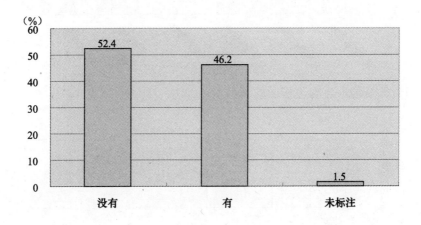

11.1 养殖户对周边环境是否有不良影响

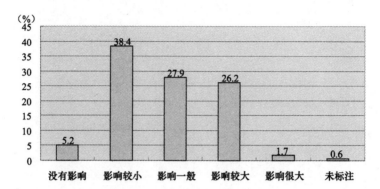

11.2 养殖户对周边环境的影响方式（可多选）

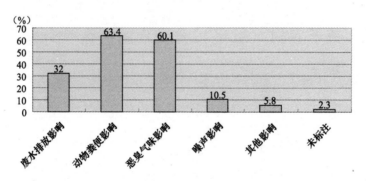

11.3 养殖户与周边邻居的关系

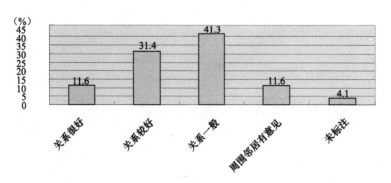

11.4 您认为养殖户在减少环境危害方面存在哪些困难（可多选）

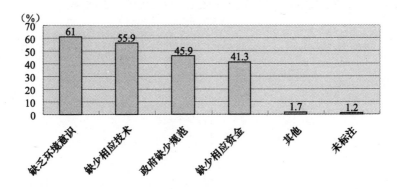

11.5 您对规范农村或社区养殖户行为的相关建议（可多选）

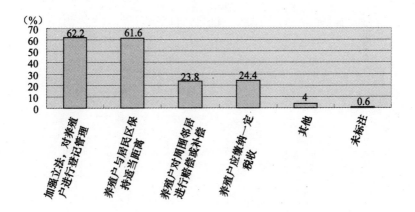

四 关于工矿企业与周边居民关系的调查

12. 您所在村庄（社区）及其附近是否有工矿企业或其他污染源

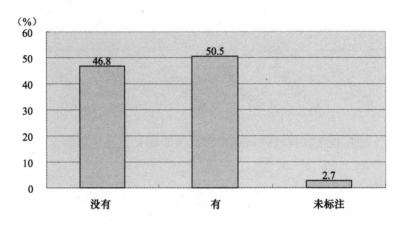

12.1 工矿企业类型（可多选）

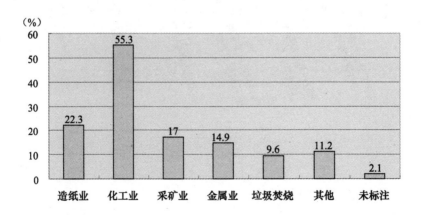

12.2 污染单位的性质

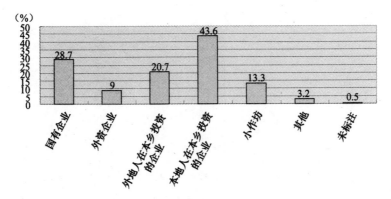

12.3 主要环境污染途径（可多选）

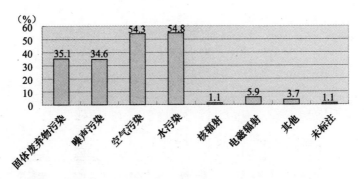

12.4 污染物排放的时间段（可多选）

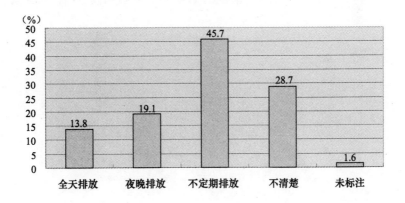

12.5 污染单位或污染源对您的生产、生活及健康的影响

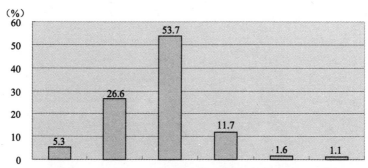

12.6 污染单位与周围居民的关系情况

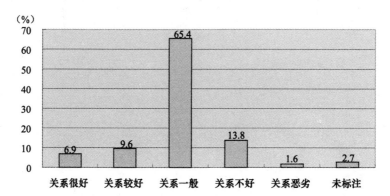

12.7 当切身利益受到污染单位的影响时，村民采取过什么措施（可多选）

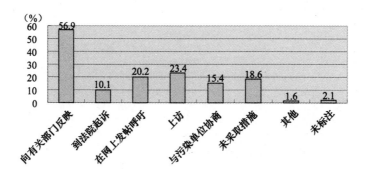

12.8 环保部门或其他政府部门的反应情况

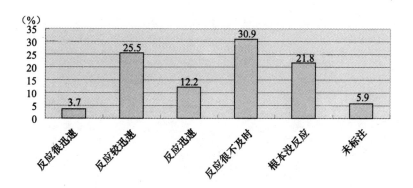

12.9 村民是否获得过污染企业的赔偿

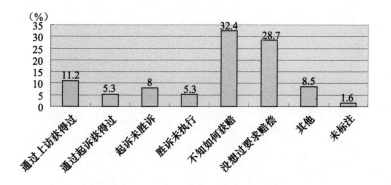

12.10 村民因为何种原因获得过环境补偿（可多选）

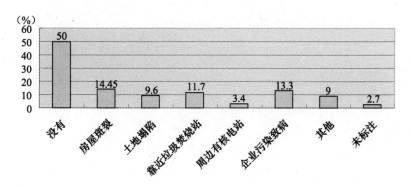

12.11 村民通过何种渠道领取过环境补偿金（可多选）

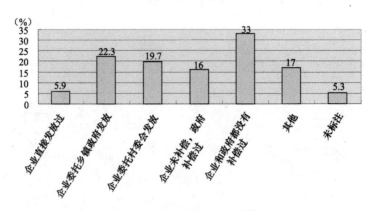

12.12 村民希望通过哪种方式领取环境补偿金

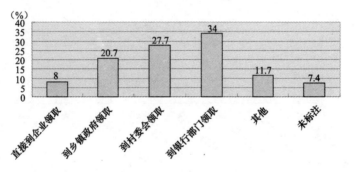

12.13 村民希望政府对周围的污染行业采取哪些措施（可多选）

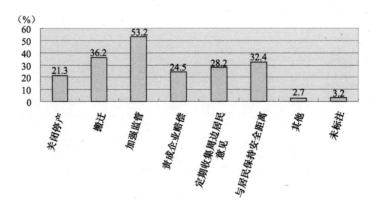

13. 您的家人或亲属是否在企业工作（或曾经在企业工作）

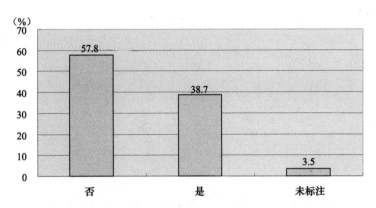

13.1 您的家人或亲属所在的企业类型（可多选）

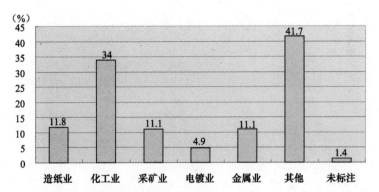

13.2 您的家人或亲属在企业中的分工

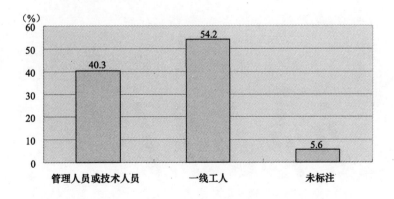

13.3 您的家人或亲属所在的企业有无环境污染行为

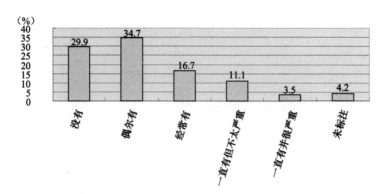

13.4 该企业在生产中出现污染行为的主要原因（可多选）

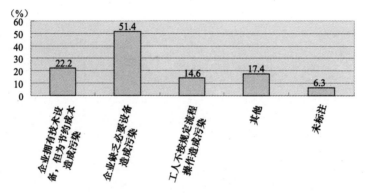

13.5 环保单位对该企业环境污染的处理情况（可多选）

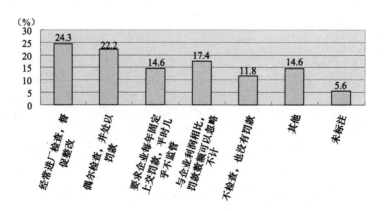

13.6 您的家人或亲属在生产过程中有无环境致病风险

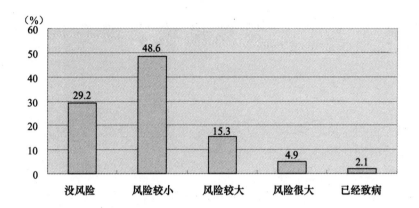

13.7 企业是否为他（她）购买了环境责任保险

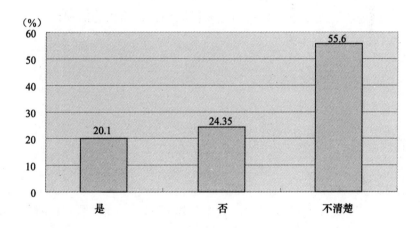

附：

关于该问卷数据统计的说明：

1. 凡题目是单选题而选了多项内容的，按空白处理。涉及的题目序号有11.3、12.6、12.8、13.2、13.3。

2. 关于村庄（社区）及其附近是否有养殖户、污染企业的问题，以及亲属中是否有企业工作人员的问题，凡是选择没有的（A 选项），其后关于该部分的选择不做考虑。涉及的题目序号有11、12、13。

附录三　中国环境状况调查问卷

调查机构：山东建筑大学法政学院//中央编译局博士后科研工作站

调查时间：2014年3月　问卷编号：_____

尊敬的女士/先生：您好！

感谢您在百忙之中接受问卷调查，本问卷纯为学术研究所用，保证绝对保密。

本问卷以下问题除特别注明的以外皆为单项选择，请在相应的选项前打"√"；选项后面有下划线的为开放性问题，请写出您的观点。

课题负责人：刘海霞

一　您的基本情况

1. 您的家乡所在地：

直辖市：_____市_____县（区）_____镇（乡）_____村

或_____省_____市_____县（区）_____镇（乡）_____村

2. 您的家乡村庄（社区）位于：

A. 大中型城市中心　　　B. 大中型城市郊区　　　C. 县城或县级市中心　D. 县城或县级市郊区　　E. 农村地区　　　F. 其他：_____

3. 您的家乡村庄（社区）处于下列哪一流域：

A. 长江流域　B. 黄河流域　C. 珠江流域　　D. 松花江流域　E. 淮河流域　F. 海河流域　G. 辽河流域　H. 金沙江流域　I. 澜沧江流域　J. 怒江流域　K. 其他：_____

4. 您的家庭人均月收入：

A. 1000元及以下　B. 1001—4000元　C. 4001—9999元　D. 10000元及以上

5. 您的联系方式（欢迎留下，以便我们进一步调研，我们对此绝对保密）：

电话：_____；邮箱：_____；QQ：_____

二 您的家乡所在村庄（社区）的基本环境状况

1. 您的家乡村庄（社区）环境的变化情况：

A. 一直很好　B. 一直较好　C. 一直较差　D. 没变化　E. 在变好
F. 在变差

1.1 环境变好的原因：

A. 政府部门重视　　　B. 群众环保意识增强　C. 植树造林

D. 污染企业关闭　　　E. 其他：_____

1.2 环境变差的原因：

A. 工业企业增多　B. 生活垃圾增多　C. 机动车尾气　D. 城建开发
E. 其他：_____

2. 您的家乡村庄（社区）是否有癌症集中出现的情况：

A. 没有　　B. 有（若选 B，请继续完成 2.1—2.6 的问题）

2.1 恶性肿瘤的类型（可多选）：

A. 胃癌　B. 肝癌；C. 肺癌　D. 其他：_____

2.2 村庄（社区）附近是否有下列污染源（可多选）：

A. 污染企业或矿业　B. 垃圾焚烧站　C. 被污染的河流　D. 其他：_____

2.3 导致癌症的可能原因（可多选）：

A. 饮用水污染　　B. 空气污染　　C. 重金属污染

D. 个人不良生活习惯　E. 其他：_____

2.4 您所在村庄（社区）近五年癌症患病情况：

A. 在增加　　B. 在减少　　C. 变化不明显　　D. 不清楚

2.5 您所在村庄（社区）癌症患者是否得到过下列救助（可多选）：

A. 免费医疗　　B. 减免或报销部分医疗费　C. 污染企业给过赔偿　D. 政府发过补助　E. 社会捐助　　F. 没有获得过救助　G. 其他：_____

2.6 您所在村庄（社区）需要哪类帮助（可多选）：

A、定期化验水质，告知水质情况　B. 政府或污染企业对癌症患者给予补助　C. 清查附近的污染源　D. 维权法律援助　E. 健康保健知识普及　F. 其他：＿＿＿＿＿＿＿＿＿

3. 您所在村庄（社区）是否发生过群体性事件：

A. 没发生过　　B. 发生过（若选B，请继续完成3.1—3.5的问题）

3.1 发生群体性事件的原因（可多选）：

A. 企业或矿业污染　B. 修建垃圾处理场　C. 水电站移民　D. 矿业开采移民　E. 迁移补偿标准低　F. 迁移置换的土地不如原来好　G. 要迁去的地点不满意　H. 其他：＿＿＿＿＿＿＿＿＿

3.2 发生的群体性事件的规模：

A. 百人以下　B. 上百人　C. 数百人　D. 上千人　E. 数千人　F. 上万人　G. 数万人

3.3 参与群体性事件的主体（可多选）：

A. 农民　　　B. 工人　　C. 城市居民　　　D. 其他：＿＿＿＿＿

3.4 参与群众的主要要求（可多选）：

A. 关闭污染企业或矿业　　B. 要求企业或矿业赔偿　　C. 提高补偿标准　D. 停止建设污染项目　　E. 加强迁入地的建设

F. 其他：＿＿＿＿＿

3.5 事件的最终结果（可多选）：

A. 污染源被关闭或迁走　　B. 停止了群众反对的项目　C. 提高了补偿标准　D. 当地主管官员被撤职　　E. 没有结果　　F. 其他：＿＿＿＿＿

4. 您的家乡村庄（社区）及其附近是否有污染企业或污染源：

A. 没有　B. 有（若选B，请继续回答4.1—4.14的问题）

4.1 污染企业或污染源的类型（可多选）：

A. 火电　B. 钢铁　C. 水泥　D. 化工　E. 煤炭　F. 冶金　G. 制革　H. 石化　I. 建材　J. 造纸　K. 酿造　L. 制药　M. 发酵　N. 纺织　O. 电解铝　P. 采矿业　Q. 垃圾处理场　R. 其他：＿＿＿＿＿

4.2 污染企业的性质：

A. 国有企业　　　B. 外资企业　　C. 外地人投资的县乡企业

D. 本地人投资的县乡企业　　　E. 小作坊　　F. 其他：＿＿＿＿＿

4.3 污染企业主要污染途径（可多选）：

A. 固体废弃物污染　B. 噪声污染　C. 空气污染　D. 水污染　E. 其

他污染

4.4 污染物排放的时间段（可多选）：

A. 全天排放　B. 夜晚排放　C. 不定期排放　D. 不清楚

4.5 污染企业的入驻方式（可多选）：

A. 政府引进，居民最初也欢迎　　　B. 政府引进，居民最初不欢迎

C. 私自开办，政府知道并默许　　　D. 私自开办，被政府处罚

E. 私自开办，政府不知道　　　　　F. 其他：＿＿＿＿＿＿＿＿

4.6 污染单位或污染源对您的生产、生活及健康的影响：

A. 对生产、生活没有影响　B. 空气质量下降，不能开窗

C. 饮用水水质变差，不能饮用　　　D. 庄稼、牲畜或养殖物死亡

E. 耕地塌陷　F. 房屋斑裂或倒塌　　G. 身体健康受影响

　　H. 其他：＿＿＿＿＿

4.7 污染单位与周围居民的关系情况：

A. 关系很好　B. 关系较好　C. 关系一般　D. 关系不好　E. 关系恶劣

4.8 当切身利益受到污染单位的损害时，居民采取过什么措施（可多选）：

A. 向环保部门反映　B. 到信访部门上访　C. 到法院起诉　D. 在网上发帖　E. 与污染单位协商　F. 与污染单位武力冲突　G. 未采取措施

　　H. 其他：＿＿＿＿＿＿＿＿＿

4.9 环保部门的反应情况：

A. 反应很迅速　B. 反应较迅速　C. 反应迅速　D. 反应很不及时

E. 根本没反应

4.10 信访部门的反应情况：

A. 没解决问题　B. 问题很快得到解决　C. 扣押上访群众

D. 其他：＿＿＿＿＿＿＿

4.11 法院的反应情况：

A. 不予受理　　B. 受理，要求居民提供证据　C. 受理，要求企业提供证据　D. 其他：＿＿＿＿＿＿＿＿＿

4.12 企业的反应情况（可多选）：

A. 继续污染，态度强硬　　　　B. 继续污染，形式更隐蔽了

C. 减少了污染行为　　　　　　D. 停止了污染行为

E. 其他：＿＿＿＿＿＿＿＿

4.13 居民是否获得过污染企业的赔偿：

A. 通过上访获得　 B. 通过起诉获得过　 C. 起诉未胜诉　 D. 起诉胜诉，但未执行　 E. 通过协商获得　　 F. 没想过要求赔偿

G. 想要求赔偿，但不知如何获得　 H. 企业没赔偿、政府补偿过

I. 其他：＿＿＿＿＿＿

4.14 居民希望政府对污染行业采取哪些措施（可多选）：

A. 关闭停产　　 B. 搬迁　　 C. 加强监管　 D. 责成企业赔偿

E. 定期收集周边居民意见　　 F. 与周边居民保持适当的安全距离

G. 其他：＿＿＿＿＿＿＿＿＿＿＿＿＿＿＿

三　关于工矿企业一线工人的情况调查

5. 您的亲属中是否（或曾经）有企业一线工人：

A. 没有　 B. 有（若选 B，请继续回答 5.1—5.14 的问题）

5.1 您的亲属所在的企业类型（可多选）：

A. 火电　 B. 钢铁　 C. 水泥　 D. 电解铝　 E. 煤炭　 F. 冶金

G. 化工　 H. 石化　 I. 建材　 J. 造纸　 K. 酿造　 L. 制药　 M. 发酵

N. 纺织　 O. 制革　 P. 采矿业　 Q. 垃圾处理场　 R. 其他：＿＿＿＿＿＿

5.2 您的亲属所在企业的性质：

A. 国有企业　 B. 外资企业　　 C. 外地人投资的县乡企业　　 D. 本地人投资的县乡企业　　 E. 小作坊　　 F. 其他：＿＿＿＿＿＿＿

5.3 您的亲属所在企业是否有工人维权组织：

A. 有工会，发挥较大作用　 B. 有工会，但没大有作用　 C. 没有工会

D. 有老乡会等自发组织　　 E. 没有任何维权组织　 F. 其他：＿＿＿＿＿

5.4 您的亲属所在的企业有无环境污染行为：

A. 没有　 B. 偶尔有　 C. 经常有　 D. 一直有但不太严重　 E. 一直有并很严重

5.5 该企业在出现污染行为的主要原因（可多选）：

A. 节约成本　 B. 技术不达标　 C. 工人不按规定流程操作

D. 其他：＿＿＿＿＿

5.6 当地环保部门对该企业污染行为的处理情况（可多选）：

A. 经常进厂检查，督促整改　　 B. 偶尔检查，并处以罚款

C. 要求企业每年固定上缴一定数额的罚款，平时几乎不监管

D. 与企业利润相比，罚款数额可以忽略不计 E. 不检查，也没有罚款

5.7 您的亲属在生产过程中有无环境致病风险：

A. 不知道 B. 没风险 C. 风险较小 D. 风险较大 E. 风险很大

F. 已经致病

5.8 您的亲属是否知道该工作环境的危险性：

A. 进厂之前不知情 B. 进厂之前知情，但迫于经济压力

5.9 工作一段时间后知道有危险，但辞职有很多限制：

A. 扣发工资 B. 扣留证件 C. 被限制自由 D. 被黑社会报复 E. 其他：_____

5.10 该企业是否注意避免工人受到工作环境污染侵害：

A. 很注意 B. 较注意 C. 一般情况 D. 较不注意 E. 很不注意

F. 不清楚

5.11 您的亲属是否注意预防因工作环境污染带来的疾病：

A. 很注意 B. 较注意 C. 一般情况 D. 较不注意 E. 很不注意

F. 已经致病

5.12 您的亲属由于工作环境的污染容易（或已经）导致哪些疾病：

A. 尘肺病 B. 矽肺病 C. 血铅超标 D. 镉超标 E. 砷中毒

F. 皮肤过敏 G. 其他：_____

5.13 您的亲属由于工作环境污染患病后是否获得过企业的赔偿（可多选）：

A. 没想过要求赔偿 B. 不知如何要求赔偿 C. 要求赔偿，没有实现 D. 要求赔偿，被殴打或报复 E. 要求赔偿，被解雇了

F. 要求赔偿，获得了很低的赔偿 G. 要求赔偿，获得了较高的赔偿

H. 工会或其他社会组织帮助索赔 I. 其他：_____

5.14 该企业是否为他（她）购买了环境责任保险：

A. 是 B. 否 C. 不清楚

四 关于环境开发或保护产生的移民的调查

6. 您的家乡村庄（社区）是否是移民村庄（社区）：

A. 不是　　B. 是（若选 B，请继续完成 6.1—6.5 的问题）

6.1 村庄（社区）迁移的原因：

A. 退耕还林　　B. 退耕还草　　　C. 保护水源　D. 建设自然保护区　E. 建设水电站　F. 建设高速公路　G. 其他：_____

6.2 村庄（社区）迁移后的生产、生活状况（可多选）：

A. 很好　　　B. 较好　　　C. 一般　　　D. 较差　　　E. 很差

6.3 村庄（社区）迁移后的好处（可多选）：

A. 政府提供的补助缓解了原先的贫困　B. 迁移后生活更便利了

C. 下一代能接受更好的教育　　　D. 拥有更多的就业机会

E. 其他：_____

6.4 迁移后面临的主要困难（可多选）：

A. 拆迁补偿低，生活水平下降　B. 新建房屋质量较差　C. 再就业困难　D. 原有风俗习惯不能保留　E. 迁入地物价高　F. 其他：_____

6.5 您对改善迁入村庄（社区）状况的建议（可多选）：

A. 增加补偿标准　B. 至少保证每户家庭有一个就业者　C. 拆迁补助一次性发放　D. 补偿不要一次性发放，委托银行每年发放　E. 加强迁入社区的文化建设　F. 加强迁入社区的公共基础设施建设

G. 其他：_____

问卷已全部回答完毕。再次感谢您！祝您健康愉快！

附录四　中国环境状况调查 问卷回答情况汇总

一　问卷回答者基本情况

1. 各地区问卷数量

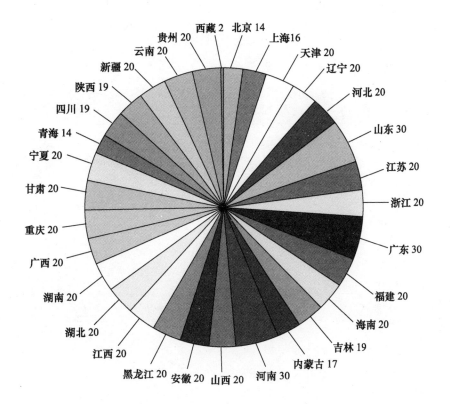

2. 区域类型

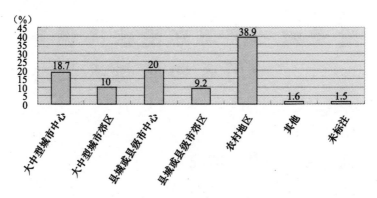

3. 流域分布

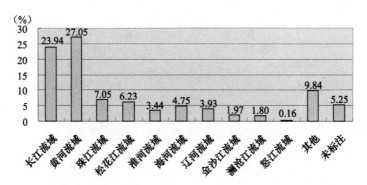

4. 家庭人均月收入状况

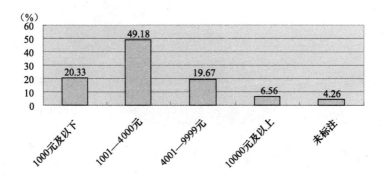

二 您的家乡所在村庄（社区）的基本环境状况

1. 您的家乡村庄（社区）环境的变化情况

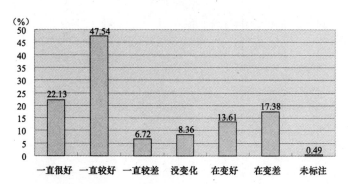

1.1 环境变好的原因

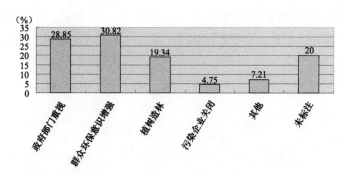

1.2 环境变差的原因

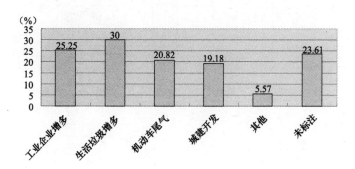

2. 您所在村庄（社区）是否有癌症集中出现的情况

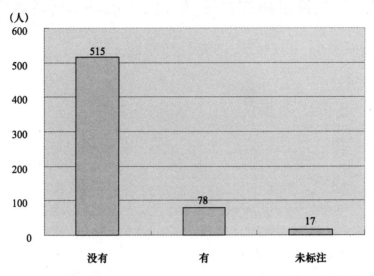

2.1 恶性肿瘤的类型（可多选）（注：2.1—2.6 题的比率是将癌症集中出现的村庄或社区数量作为整体计算的，即按样本总数是 78 来计算的）

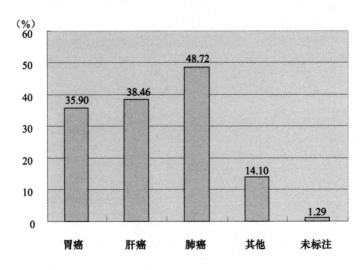

2.2 村庄（社区）附近是否有下列污染源（可多选）

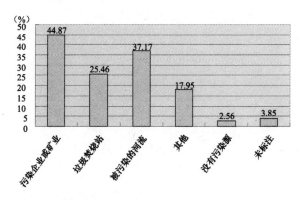

2.3 导致癌症的可能原因（可多选）

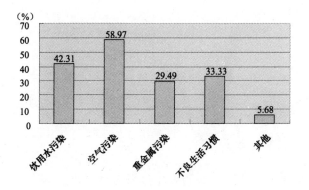

2.4 您所在村庄（社区）近五年癌症患病情况

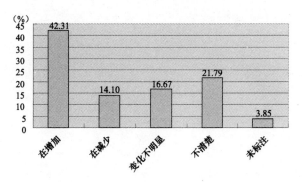

2.5 您所在村庄（社区）癌症患者是否得到过下列救助（可多选）

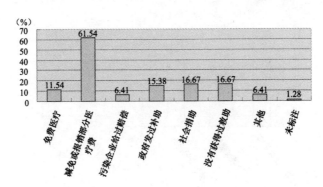

2.6 您所在村庄（社区）需要哪类帮助（可多选）

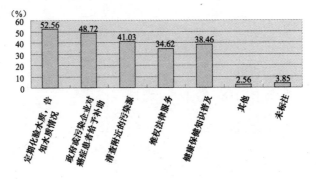

3. 您所在村庄（社区）是否发生过群体性事件

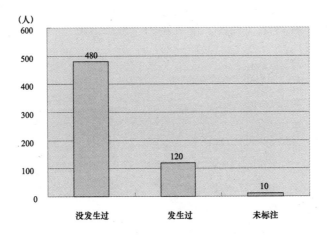

3.1　发生群体性事件的原因（可多选）（注：3.1—3.5 题的比率是将发生过群体性事件的村庄或社区数量为整体计算的，即按样本总数是120 来计算的）

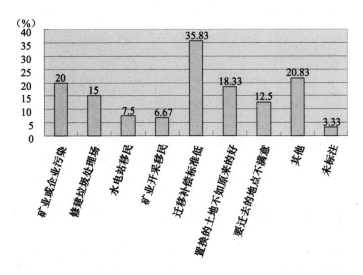

3.2　发生的群体性事件的规模

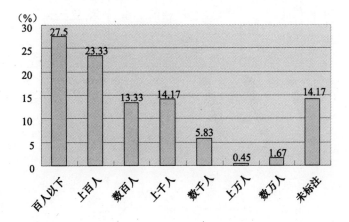

3.3 参与群体性事件的主体（可多选）

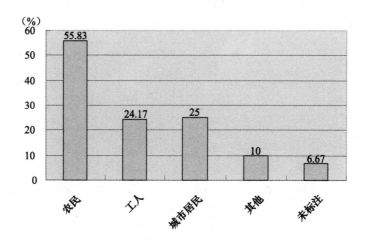

3.4 参与群众的主要要求（可多选）

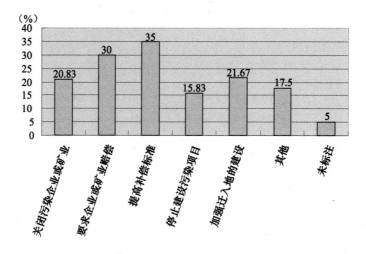

3.5 事件的最终结果（可多选）

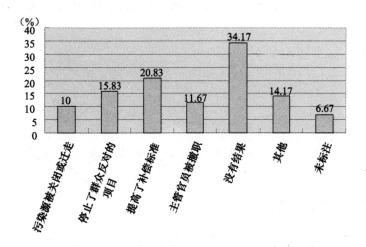

4. 您的村庄（社区）及其附近是否有污染企业或污染源

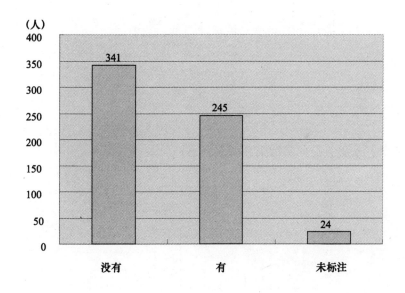

4.1 污染企业或污染源的类型（可多选）（注：4.1—4.14题的比率是将周边有污染企业或污染源的村庄或社区数量为整体计算的，即按样本数是245来计算的）

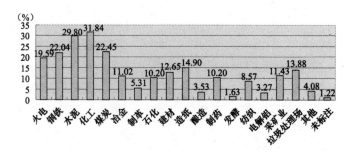

4.2 污染企业的性质

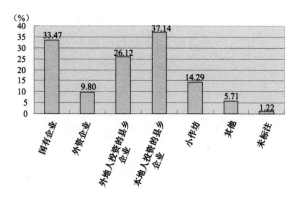

4.3 污染企业主要污染途径（可多选）

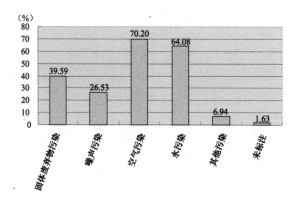

4.4 污染物排放的时间段（可多选）

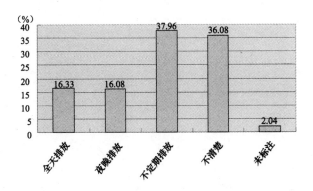

4.5 污染企业的入驻方式（可多选）

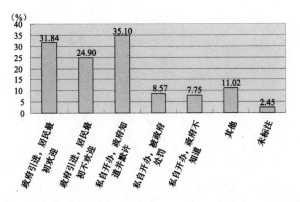

4.6 污染单位或污染源对您的生产、生活及健康的影响

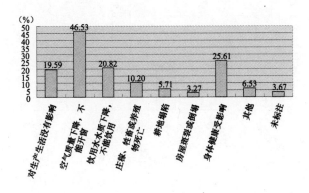

4.7 污染单位与周围居民的关系情况

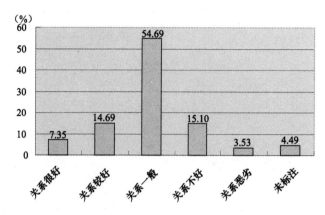

4.8 当切身利益受到污染单位的损害时，居民采取过什么措施（可多选）

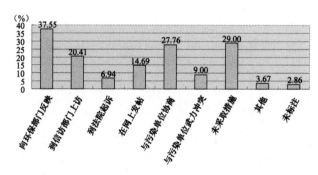

4.9 环保部门的反应情况

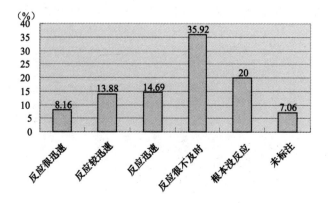

4.10 信访部门的反应情况

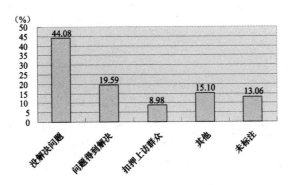

4.11 法院的反应情况

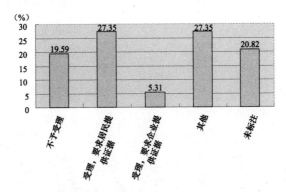

4.12 企业的反应情况（可多选）

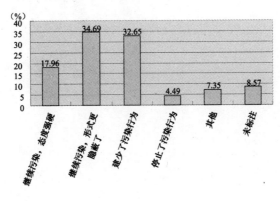

4.13 居民是否获得过污染企业的赔偿

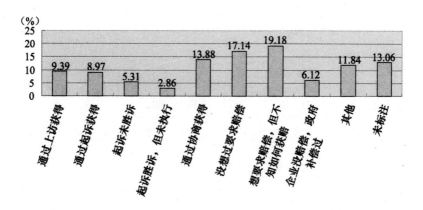

4.14 居民希望政府对污染行业采取哪些措施（可多选）

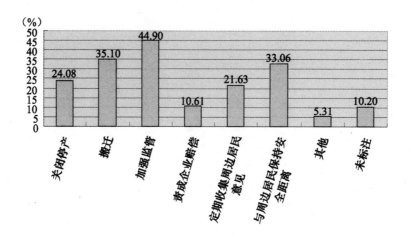

三 关于工矿企业一线工人的情况调查

5. 您的亲属中是否（或曾经）有企业一线工人

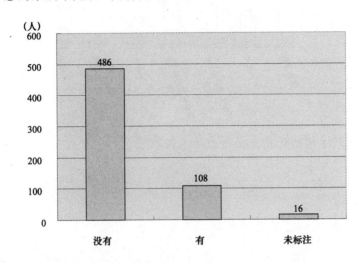

5.1 您的亲属所在的企业类型（可多选）（注：5.1—5.14 题是由第三方来回答的问题，调查问卷实际涉及的一线工人数量难以确定，所以该组问题没有显示各选项的百分比，而是直接将所选项的数量加以显示）

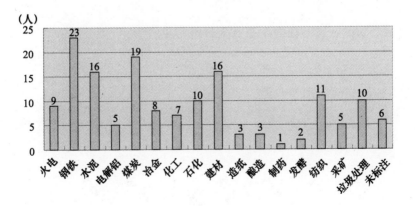

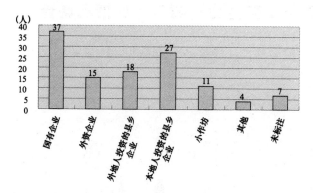

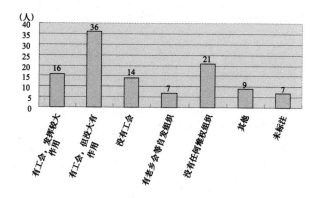

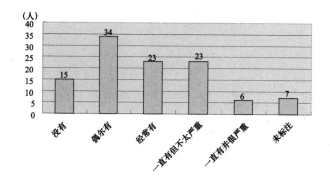

5.2　您的亲属所在企业的性质

5.3 您的亲属所在企业是否有工人维权组织

5.4　您的亲属所在的企业有无环境污染行为

5.5　该企业出现污染行为的主要原因（可多选）

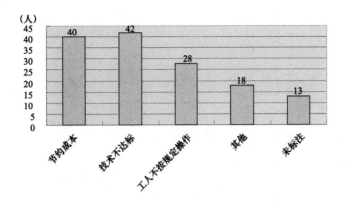

5.6　当地环保部门对该企业污染行为的处理情况（可多选）

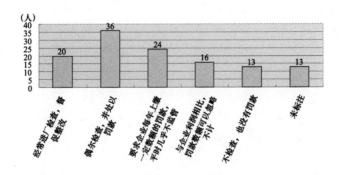

5.7　您的亲属在生产过程中有无环境致病风险

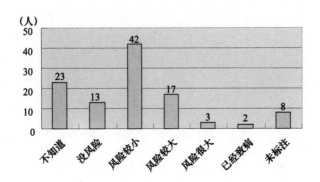

5.8 您的亲属是否知道该工作环境的危险性

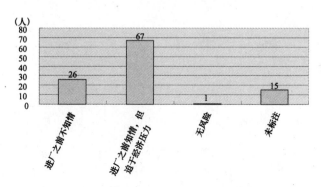

5.9 工作一段时间后知道有危险，但辞职有很多限制

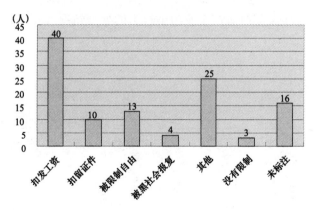

5.10 该企业是否注意避免工人受到工作环境污染侵害

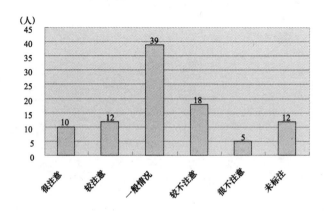

5.11 您的亲属是否注意预防因工作环境污染带来的疾病

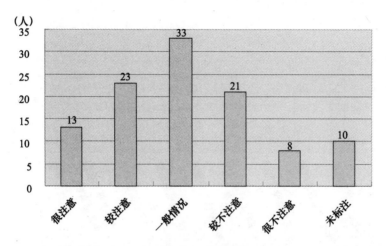

5.12 您的亲属由于工作环境的污染容易（或已经）导致哪些疾病

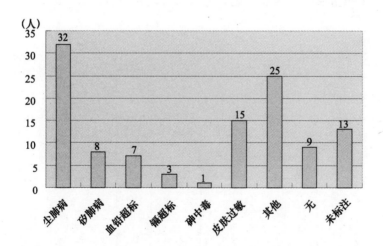

5.13　您的亲属由于工作环境污染患病后是否获得过企业的赔偿（可多选）

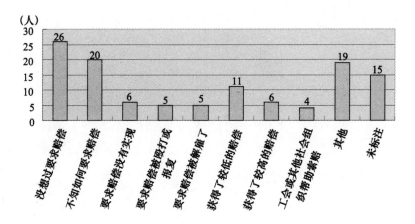

5.14　该企业是否为他（她）购买了环境责任保险

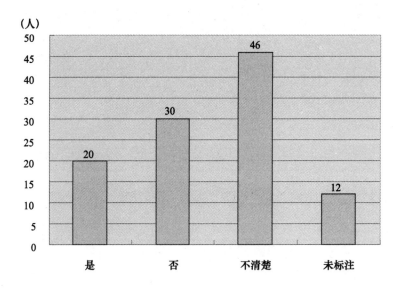

四　关于环境开发或保护产生的移民的调查

6. 您的家乡村庄（社区）是否是移民村庄（社区）

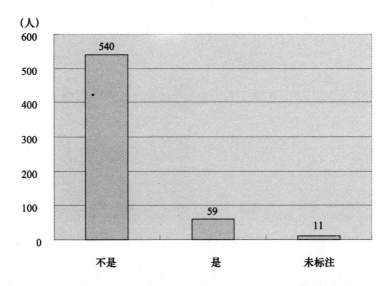

　　6.1　村庄（社区）迁移的原因（注：6.1—6.5题的比率是将移民村庄或社区数量作为整体计算的，即按样本总数是59来计算的。）

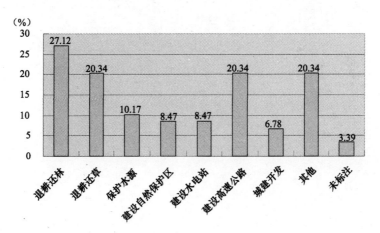

6.2 村庄（社区）迁移后的生产、生活状况（可多选）

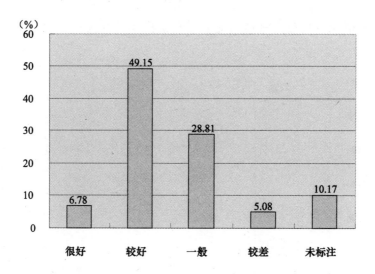

6.3 村庄（社区）迁移后的好处（可多选）

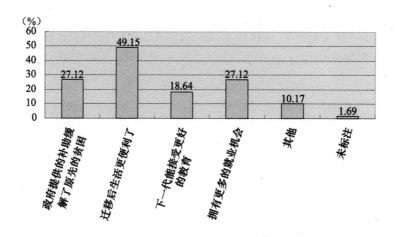

6.4　迁移后面临的主要困难（可多选）

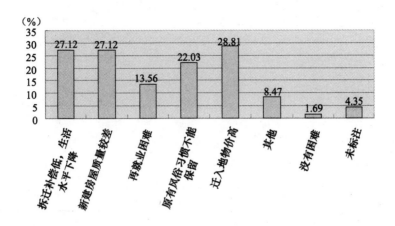

6.5　您对改善迁入村庄（社区）状况的建议（可多选）

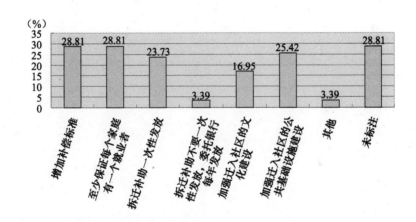

附：关于该问卷数据统计的说明：

1. 答卷人所在流域按照实际情况予以修正，涉及的题目序号为一、3。

2. 凡题目是单选题而选了多项内容的，按空白处理。涉及的题目序号有二、4.7、4.9。

3. 关于所在村庄是否有癌症集中出现、是否发生过群体性事件、是否有污染企业或污染源、亲属中是否有企业一线工人以及是否是移民村庄或社区这几个问题，凡是在第一问做出否定回答或未做出明确选择的，其后关于该部分的选择不予考虑，涉及的题目序号有二、2、3、4、5、6。

4. 凡是所选答案明显自相矛盾的，该题按空白处理，涉及的题目序号有二、4.6、4.8、4.12。

参考文献

一 英文部分

（一）专著和文集

[1] Anne K. Haugestad, J. D. Wulfhorst, *Future as Fairness Ecological Justice and Globle Citizenship*, New York: Rodopi, 2004.

[2] Bunyan Bryant, *Environmental Justice: Issues, Policies, and Solutions*, Washington: Island Press, 1995.

[3] Daniel A. Coleman, "Ecopolitics Building A Green Society", *New Brunswick*, New Jersey: Rutgers University Press, 1994.

[4] Dennis Pavlich, *Managing Environmental Justice*, Amsterdam-New York: Rodopi, 2010.

[5] Devid V. Carruthers, *Environmental Justice in Latin American: Problems, Promise, and Practice*, Cambridge: MTT Press, 2008.

[6] Filomina Chioma Steady, *Environmental Justice in the New Millennium*, New York: Palgrve and Macmillan, 2009.

[7] Joni Adamson, Mei Mei Evans, Rachel Stein, *The Environmental Justice Reader: Politics, Poetics, and Pedagogy*, Arizona: The University of Arizona Press, 2002.

[8] Julian Agyeman, Peter Cole, Randolph Haluza-Delay, Pat O' Riley, *Speaking for Ourselves Environmental Justice in Canada*, Vancouver: UBC Press, 2009 .

[9] Laura Westra, *Environmental Justice and the Rights of Unborn and Future generations: Law, Environmental Harm and the Right of Health*, London: Earthscan, 2006.

［10］ Laura Westra, *Environmental Justice and the Rights of Indigenous Peoples*, London: Earthscan, 2008.

［11］ Murry Bookchin, *The Philosophy of Social Ecology*, New York: Black Rose Books, 1990.

［12］ Rhodes, Edwardo Lao, *Environmental Justice in American: a New Paradigm*, Bloomington: India University Press, 2003.

［13］ Richard Hofrichter, *Toxic Struggles: The Theory and Practice of Environmental Justice*, Philadelphia: New Society Publishers, 1993.

［14］ Robert D. Bullard, *Confronting Environmental Racism Voices from the Grassroots*, Boston: South End Press, 1993.

（二） 期刊论文和析出文献

［1］ Adi R. Ferrara, "Poverty", Richard M. Stapleton. *Pollution A to Z*, New York: Macmillan Reference USA, 2004.

［2］ Glynis Daniels, "Environmental Equity", *Encyclopedia of Sociology*, 2001 (2).

［3］ James Sterling Hoyte, "Environmental Racism", *Encyclopedia of African-American Culture and History*, 2006 (2).

［4］ Kee Warner, "Managing to Grow with Environmental Justice", *Public Works Management Policy*, 2001 (2).

［5］ Linda Rehkopf, "Third World Pollution", *Environmental Encyclopedia*, 2003 (2).

［6］ Peter S. Wenz, "Environmental Ethics", *Encyclopedia of Philosophy*, 2006 (3).

［7］ Randy Stoecker, "Community Organizing", *Encyclopedia of Urban Studies*, 2010 (1).

［8］ Robert J. Brulle, David N. Pellow, "Environmental Movements", Gary A. Goreham, *Encyclopedia of Rural America: The Land and People*, Millerton, NY: Grey House Publishing, 2008.

［9］ Robert D. Bullard, "Residential Segregation and Urban Quality of Life", Bunyan Bryant, *Environmental Justice: Issues, Policies, and Solutions*, Washington: Island Press, 1995.

［10］ Robert Collin, "U. S. Environmental Protection Agency", *Encyclopedia of*

Environmental Ethics and Philosophy，2009（2）．

［11］Robert Emmet Jones，Shirley A. Rainey，"Examining Linkages between Race，Environmental Concern，Health，and Justice in a Highly Polluted Community of Color"，*Journal of Black Studies 2006*（4）．

［12］Teresa L. Heinz，"From Civil Rights to Environmental Rights：Constructions of Race，Community，and Identity in Three African American Newspapers' Coverage of the Environmental Justice Movement"，*Journal of Communication Inquiry*，2005（1）．

二　中文部分

（一）译著

［1］［加拿大］威尔·金里卡：《当代政治哲学》，刘莘译，上海译文出版社 2011 年版。

［2］［加拿大］约翰·汉尼根：《环境社会学》，洪大用等译，中国人民大学出版社 2009 年版。

［3］［美］彼得·S. 温茨：《环境正义论》，朱丹琼、宋玉波译，上海人民出版社 2007 年版。

［4］［美］戴斯·贾丁斯：《环境伦理学》，林官明、杨爱民译，北京大学出版社 2002 年版。

［5］［美］罗杰·W. 芬德利、丹尼尔·A. 法伯：《环境法概要》，杨广俊、刘子华、刘国明译，中国社会科学出版社 1997 年版。

［6］［美］丹尼尔·A. 科尔曼：《生态政治：建设一个绿色社会》，梅俊杰译，上海世纪出版集团 2006 年版。

［7］［美］迈克尔·桑德尔：《公正该如何做是好》，中信出版社 2011 年版。

［8］［美］默里·布克金：《自由生态学：等级制的出现与消解》，郇庆治译，山东大学出版社 2008 年版。

［9］［美］约翰·贝拉米·福斯特：《生态危机与资本主义》，耿建新、宋兴无译，上海译文出版社 2006 年版。

［10］［美］约翰·罗尔斯：《正义论》，何怀宏、何包钢、廖申白译，中国社会科学出版社 1998 年版。

［11］［美］约翰·罗尔斯：《作为公平的正义》，姚大志译，中国社会科学出版社 2011 年版。

［12］［日］饭岛伸子：《环境社会学》，包智明译，社会科学文献出版社 1999 年版。

［13］［日］宫本宪一：《环境经济学》，朴玉译，生活·读书·新知三联书店 2004 年版。

［14］［日］鸟越皓之：《环境社会学——站在生活者的角度思考》，宋金文译，中国环境科学出版社 2009 年版。

［15］［日］岩佐茂：《环境的思想与伦理》，冯雷、李欣荣、尤维芬译，中央编译出版社 2011 年版。

［16］［日］原田尚彦：《环境法》，于敏译，法律出版社 1999 年版。

［17］［英］戴维·佩珀：《现代环境主义导论》，宋玉波、朱丹琼译，上海人民出版社 2011 年版。

［18］［英］简·汉考克：《环境人权：权力、伦理与法律》，李隼译，重庆出版社 2007 年版。

［19］［英］马克·史密斯、皮亚·庞萨帕：《环境与公民权：整合正义、责任与公民参与》，侯艳芳、杨晓燕译，山东大学出版社 2012 年版。

（二）中文专著

［1］曹孟勤、卢风：《经济、环境与文化》，南京师范大学出版社 2013 年版。

［2］曹明德：《环境侵权法》，法律出版社 2000 年版。

［3］陈家刚：《协商民主与政治发展》，社会科学文献出版社 2011 年版。

［4］崔凤、唐国建：《环境社会学》，北京师范大学出版社 2010 年版。

［5］高家伟：《欧洲环境法》，中国工商出版社 2000 年版。

［6］郭纯平：《新世纪国内群体性事件研究》，新华出版社 2013 年版。

［7］韩立新：《环境价值论》，人民出版社 2004 年版。

［8］洪大用：《中国民间环保力量的成长》，中国人民大学出版社 2007 年版。

［9］洪大用：《社会变迁与环境问题——当代中国的环境问题的社会学阐释》，首都师范大学出版社 2001 年版。

［10］洪大用：《中国环境社会学：一门建构中的学科》，社会科学文献出版社 2007 年版。

［11］郇庆治：《环境政治国际比较》，山东大学出版社 2007 年版。

［12］蒋高明：《中国生态环境危急》，海南出版社 2011 年版。

［13］晋海：《城乡环境正义的追求与实现》，中国方正出版社 2008 年版。

［14］李林、田禾：《中国法治发展报告》（2014），社会科学文献出版社 2014 年版。

［15］李挚萍、陈春生：《农村环境管制与农民环境权保护》，北京大学出版社 2009 年版。

［16］梁鸿：《出梁庄记》，花城出版社 2013 年版。

［17］梁剑琴：《环境正义的法律表达》，科学出版社 2011 年版。

［18］廖华：《从环境法整体思维看环境利益的刑法保护》，中国社会科学出版社 2010 年版。

［19］吕途：《中国新工人迷失与崛起》，法律出版社 2013 年版。

［20］卢风：《科技、自由与自然——科技伦理与环境伦理前沿问题研究》，中国环境出版社 2011 年版。

［21］吕忠梅：《沟通与协调之途——论公民环境权的民法保护》，中国人民大学出版社 2005 年版。

［22］吕忠梅等：《理想与现实：中国环境侵权纠纷现状及救济机制构建》，法律出版社 2011 年版。

［23］吕忠梅：《环境法原理》，复旦大学出版社 2007 年版。

［24］聂辉华：《政企合谋与经济增长：反思中国模式》，中国人民大学出版社 2013 年版。

［25］彭峰：《法典化的迷思——法国环境法之考察》，上海社会科学院出版社 2010 年版。

［26］宋秀葵：《地方、空间与生存》，中国社会科学出版社 2012 年版。

［27］万俊人：《现代西方伦理学史（上下卷）》，中国人民大学出版社 2011 年版。

［28］汪劲：《环保法制三十年：我们成功了吗》，北京大学出版社 2011 年版。

［29］王灿发：《中国环境行政执法手册》，中国人民大学出版社 2009 年版。

［30］王赐江：《冲突与治理：中国群体性事件考察分析》，人民出版社 2013 年版。

[31] 王曦：《联合国环境规划署环境法教程》，法律出版社 2002 年版。

[32] 杨东平：《中国环境发展报告》（2010），社会科学文献出版社 2011 年版。

[33] 杨东平：《中国环境发展报告》（2011），社会科学文献出版社 2012 年版。

[34] 杨通进：《环境伦理：全球话语中国视野》，重庆出版社 2007 年版。

[35] 姚大志：《何谓正义：当代西方政治哲学研究》，人民出版社 2007 年版。

[36] 于建嵘：《抗争性政治：中国政治社会学基本问题》，人民出版社 2010 年版。

[37] 于建嵘：《父亲的江湖》，中国广播电视出版社 2013 年版。

[38] 于建嵘：《底层立场》，上海三联书店 2011 年版。

[39] 于建嵘：《安源实录》，江苏人民出版社 2011 年版。

[40] 余俊：《环境权的文化之维》，法律出版社 2010 年版。

[41] 俞可平：《敬畏民意——中国的民主治理与政治改革》，中央编译出版社 2012 年版。

[42] 曾建平：《环境正义：发展中国家环境伦理问题探究》，山东人民出版社 2007 年版。

[43] 张锋：《生态补偿法律保障机制研究》，中国环境科学出版社 2010 年版。

[44] 赵讯：《弱势群体保护的社会契约基础》，中国政法大学出版社 2010 年版。

[45] 张晓玲：《社会弱势群体权利的法律保障研究》，中共中央党校出版社 2009 年版。

[46] 中华人民共和国环境保护部：《中国环境状况公报》（2010）。

[47] 中华人民共和国环境保护部：《中国环境状况公报》（2009）。

[48] 中共中央文献研究室：《十七大以来重要文献选编》（上），中央文献出版社 2009 年版。

[49] 周红云：《社会管理创新》，中央编译出版社 2013 年版。

[50] 周训芳：《环境权论》，法律出版社 2003 年版。

（三）中文论文

[1] 别涛：《国外环境污染责任保险》，《求是》2008 年第 5 期。

［2］蔡定剑：《公众参与及其在中国的发展》，《团结》2009 年第 4 期。

［3］曹荣湘：《建设生态文明，政府职能需"四变"》，《领导之友》2010 年第 3 期。

［4］陈保中：《以改革精神推进城市规划公众参与》，《学习时报》2014 年 3 月 17 日，第 4 版。

［5］高秦伟：《论欧盟行政法上的风险预防原则》，《比较法研究》2010 年第 3 期。

［6］郭尚花：《我国环境群体性事件频发的内外因分析与治理策略》，《科学社会主义》2013 年第 2 期。

［7］洪大用：《环境公平：环境问题的社会学视点》，《浙江学刊》2001 年第 4 期。

［8］洪大用：《当代中国环境公平问题的三种表现》，《江苏社会科学》2001 年第 3 期。

［9］洪大用、龚文娟：《环境公正研究的理论与方法述评》，《中国人民大学学报》2008 年第 6 期。

［10］郇庆治：《社会主义生态文明：理论与实践向度》，《江汉论坛》2009 年第 9 期。

［11］郇庆治：《西方生态女性主义论评》，《江汉论坛》2011 年第 1 期。

［12］黄居源、刘海霞：《试论我国生态文化的前进方向》，《齐鲁师范学院学报》2013 年第 2 期。

［13］胡美灵、肖建华：《农村环境群体性事件与治理》，《求索》2008 年第 12 期。

［14］黄帝荣：《论农村弱势群体的环境劣势及其改善》，《湖南师范大学社会科学学报》2010 年第 4 期。

［15］黄鹂：《新农村建设中环境公平问题的思考》，载洪大用《中国环境社会学：一门建构中的科学》，社会科学文献出版社 2007 年版。

［16］黄锡生、关慧：《试论对环境弱势群体的生态补偿》，《环境与可持续发展》2006 年第 2 期。

［17］靳薇：《三江源生态移民面临的重建家园问题》，《学习时报》2013 年 12 月 9 日，第 4 版。

［18］李惠斌：《生态权利与生态正义——一个马克思主义的研究视角》，《新视野》2008 年第 5 期。

[19] 李培超：《环境伦理学的正义向度》，《道德与文明》2005 年第 5 期。

[20] 李培超：《中国环境伦理学的十大热点问题》，《伦理学研究》2011 年第 6 期。

[21] 李克荣、于彦梅：《环境弱势群体——农民环境权保护》，载《2006 年全国环境资源法学研讨会论文集》。

[22] 李素华：《论环境弱势群体——农民环境权利的实现》，《经济研究导刊》2009 年第 34 期。

[23] 刘海霞：《论污染企业周边民众的权利保障》，《生态经济》2012 年第 7 期。

[24] 刘海霞：《中国环境弱势群体状况分析》，《中南林业科技大学学报》（社会科学版）2013 年第 1 期。

[25] 刘海霞：《从底线要求看环境公平制度的构建原则》，《自然辩证法研究》2014 年第 1 期。

[26] 刘海霞：《中美环境弱势群体研究的不同视阈》，《生态经济》2014 年第 3 期。

[27] 刘海霞：《不能将生态文明等同于后工业文明》，《生态经济》2011 年第 2 期。

[28] 刘海霞：《论马克思主义对生态文明建设的指导性作用》，《山东青年干部管理学院学报》2010 年第 6 期。

[29] 刘海霞：《生态理性是时代的必然选择》，《中国环境报》2013 年 4 月 15 日。

[30] 刘海霞、宋秀葵：《生态意识：生态文明建设的动力系统》，《山东青年政治学院学报》2014 年第 1 期。

[31] 刘巧玲、王奇、李鹏：《我国污染密集型产业及其区域分布变化趋势》，《生态经济》2012 年第 1 期。

[32] 刘湘溶、曾建平：《作为生态伦理的正义观》，《吉首大学学报》（社会科学版）2000 年第 3 期。

[33] 刘湘溶、张斌：《国际环境正义实践的伦理困境及其化解》，《湖南师范大学社会科学报》2009 年第 2 期。

[34] 刘湘溶、张斌：《环境正义的三重属性》，《天津社会科学》2008 年第 2 期。

[35] 刘月岭：《制度公正的伦理资源初探》，《伦理学研究》2011 年第

4 期。

［36］卢淑华：《城市生态环境问题的社会学研究》，《社会学研究》1994年第 6 期。

［37］毛勒堂：《什么是正义——多维度的综合考察》，《云南师范大学学报》2006 年第 6 期。

［38］孟军、巩汉强：《环境污染诱致型群体性事件的过程——变量分析》，《宁夏党校学报》2010 年第 3 期。

［39］钱水苗：《环境公平应成为农村环境保护法的基本理念》，《当代法学》2009 年第 1 期。

［40］孙月飞：《中国癌症村的地理分布》，http：//blog. sina. com. cn/zjhn1122。

［41］宋文新：《发展伦理的核心关怀——维护弱势群体的资源与环境权益》，《长白学刊》2001 年第 2 期。

［42］陶玲、刘卫江：《赤道原则：金融机构践行企业社会责任的国际标准》，《银行家》2008 年第 1 期。

［43］唐斌、赵洁、薛成容：《国内金融机构接受赤道原则的问题与实施建议》，《新金融》2009 年第 2 期。

［44］王灿发、许可祝：《中国环境纠纷的处理与公众监督环境执法》，《环境保护》2002 年第 5 期。

［45］王韬洋：《从分配到承认：环境正义研究》，清华大学博士学位论文，2006 年。

［46］王韬洋：《有差异的主体与不一样的环境想象——"环境正义"视角中的环境伦理命题分析》，《哲学研究》2003 年第 3 期。

［47］王韬洋：《西方环境正义研究述评》，《道德与文明》2010 年第 1 期。

［48］王霄慨：《污染转移的本质及对策分析》，《节能与环保》2010 年第 1 期。

［49］吴琳：《西方生态女性主义探源》，《中南大学学报》（社会科学版）2010 年第 6 期。

［50］王玉明：《暴力型环境群体性事件的成因分析》，《中共珠海市委党校、珠海市行政学院学报》2012 年第 3 期。

［51］武卫政：《环境维权亟待走出困境》，《人民日报》2008 年 1 月 22日，第 5 版。

[52] 夏友富：《外商投资于污染密集型产业的比例之高不容忽视》，《开放潮》1995 年第 4 期。

[53] 阳相翼：《论环境弱势群体的生态补偿制度》，《四川行政学院学报》2007 年第 5 期。

[54] 杨朝霞、严耕：《公民环境权应入宪进法》，《中国环境报》2014 年 3 月 26 日，第 8 版。

[55] 于建嵘：《综合治理思路的转变》，《南风窗》2011 年第 2 期。

[56] 俞可平：《公民参与的几个理论问题》，《学习时报》2006 年 12 月 18 日。

[57] 吴志敏：《断裂与重构：社会转型中的弱势群体利益保障》，《中国特色社会主义研究》2011 年第 1 期。

[58] 俞可平：《科学发展观与生态文明》，《马克思主义与现实》2005 年第 4 期。

[59] 曾彩琳：《试论对环境弱势群体——农民的环境权益保护》，《文史哲》2009 年第 4 期。

[60] 张登巧：《西部开发中的环境正义问题研究》，《吉首大学学报》2005 年第 1 期。

[61] 张力刚、沈晓蕾：《公民环境权的宪法学考察》，《政治与法律》2002 年第 3 期。

[62] 张明军、陈朋：《2011 年中国社会典型群体性事件分析报告》，《中国社会公共安全研究报告》2012 年第 1 期。

[63] 张玉林：《另一种不平等：环境战争与"灾难"分配》，《绿叶》2009 年第 4 期。

[64] 张玉林：《中国的环境战争与农村社会——以山西省为中心》，载梁治平编《转型期的社会公正问题与前景》，生活·读书·新知三联书店 2010 年版。

[65] 张云飞：《试论生态文明的历史方位》，《教学与研究》2009 年第 8 期。

[66] 张云飞：《试论我国生态文明建设的基本目标和基础工程》，《山东青年政治学院学报》2014 年第 3 期。

[67] 钟芙蓉：《环境经济政策的伦理学审视》，《伦理学研究》2012 年第 3 期。

［68］钟国斌：《江西铜业污染赔偿过低遭质疑》，《深圳商报》2011 年 12 月 8 日。

［69］周生贤：《深入推进环保体制改革创新，积极探索中国环保新道路》，《中国机构改革与管理》2011 年第 3 期。

索　引

后　　记

　　2008 年春，由于教学需要，笔者阅读了加拿大学者本·阿格尔的著作《西方马克思主义概论》，初次接触到了阿格尔的生态马克思主义观点，他对生态危机的社会原因进行的深刻分析令笔者非常震撼，深受启发，从此走上了探寻生态危机之社会原因的研究道路，并探索从社会制度变革的角度给出克服生态危机、建设生态文明的方略。现在看来，这一研究方向基本可以归入环境政治学的范畴。可以说，笔者最初从事这一领域的研究主要是基于兴趣和好奇心。

　　2011 年 7 月，笔者有幸进入中央编译局从事博士后研究工作，师从在环境政治与经济领域颇有建树的曹荣湘老师，开启了三年的博士后工作生涯，揭开了学术研究的新篇章。在博士后出站报告即将付梓之际，回首在编译局的三年时光，思绪万千。首先是感念于这三年中得到的巨大收获，其次是感慨于这三年中遇到的诸多困难，再次是扼腕于这三年中留下的些许遗憾，复次是感恩于这三年中得到的众多帮助，最后是寄望于书稿出版后的学术愿景。

　　首先，在三年博士后研究期间，笔者的收获远远超过了预期。主要的收获可以概括为以下四个方面：

　　一是遇到了一位才思敏捷、锐意进取的导师。曹荣湘老师是一位学养深厚、孜孜不倦的优秀导师，在三年的博士后学习期间，笔者时时钦佩于他对学术问题的敏锐嗅觉和深刻把握，惊讶于他的顽强精神和过人智慧，感叹于他对学生的真诚关怀和热情鼓励。在研究过程中，曹老师多次就研究报告给予高屋建瓴的建议和耐心细致的指导，使笔者逐步深化了对环境弱势群体这一问题的理解。曹老师的鞭策和鼓励使笔者在研究视野方面得到了较大提升，在研究方法方面更加注重实效，在研究内容方面更加连接地气，在研究结论方面更加审慎严谨。

二是领略了中央编译局导师组的学术风范。在博士后三年的学习过程中，笔者得到了俞可平、王学东、杨金海、李惠斌、何增科、杨雪冬、高新军、戴隆斌、陈家刚、赖海榕、林德山、徐向梅、张文红、冯雷、周凡、刘仁胜等诸多老师的指导和帮助，深深庆幸自己能有机会进入这样一个温暖、和谐、向上、务实的集体，编译局导师们宽广的研究视野、扎实的研究方法、前沿的研究理念、为国为民的学者情怀给笔者留下了深刻的印象，导师们平易近人、关心学生、热情相助的点点滴滴都让笔者倍觉鼓舞，唯有努力为学方能回报。

三是确立了一个较有意义的研究领域。进站之后，在导师的指导和建议下，结合本人的研究兴趣，确定了环境弱势群体这一研究领域，并将博士后研究报告的题目确定为"环境正义视阈下的环境弱势群体研究"。回首看来，这一研究从以人为本的角度探索如何推进我国的生态文明制度建设、如何推进我国基层民主制度的改革、如何完善我国的利益协商制度以及如何完善我国的人民代表大会制度等，对于我国社会结构的不断完善具有较为重要的意义，也在一定程度上契合了国际环境正义和我国生态文明建设的大背景。

四是结识了一批志存高远、立志为学的青年才俊。2011 年，笔者加入了中央编译局博士后工作站这一温暖的大家庭，与来自全国各地的青年才俊互相切磋，受益很多，同学们在为人和为学方面都给了我很多启发。李景瞳、谢来辉、曲顺兰、吴威威、马翠云、房亚明、陈文、胡晓林、赵付科、蔺雪春、李慧明、陈俊、刘辉、赵雪峰等同学都给笔者留下了十分美好的印象，与他们相处的愉快时光成为笔者生活中的一抹阳光，与他们结下的深厚友谊是笔者人生道路上一笔宝贵的财富。

其次，在博士后研究期间，笔者也遇到了前所未有的困难：一是研究范式的转型。笔者之前主要做生态哲学方面的研究，习惯于进行一些理论思考，但本项研究需要进行大量的实证研究，对笔者提出了极大的挑战；二是环境正义的研究成果汗牛充栋，数量极大，要进行相关的理论梳理需要耗费颇多时日；三是环境弱势群体类型较多，调研任务巨大，对时间和资金有较高要求；四是环境弱势群体的问题是一个全球性问题，国际社会在这一方面已有一些较好的经验和做法，但这些内容散见于环境政治学、环境经济学、环境社会学、环境法学、环境政策学、环境伦理学等相关文献中，对阅读量的要求很大，短期内难以取得较为理想的效果。在这些巨大的困难面前，笔者感觉有些"老虎吃天、无从下口"，一度觉得有些力不从心。但开弓没有回头箭，既然已经选择了这条道路，就只能负重前行，"尽人事、听天命"了。

再次，在三年的研究生涯中，笔者也留下了些许遗憾：一是在研究时间的总体安排上，没有较好的前期规划，存在前松后紧的现象，导致后期工作的相对忙乱和被动；二是对于编译局所能提供的研究资料和外文资料，没有最大限度地发挥它们的作用，造成对研究资源的某种浪费；三是在书稿的写作过程中，由于调研能力的欠缺导致对某些现实问题的总体把握不足，而对现实的总体把握是做好该项研究的基础；四是限于笔者的水平，书稿中还存在大量缺陷，如在环境弱势群体的界定方面、在对国际社会相关经验的总结方面，以及在具体制度设计的针对性等方面都还需要继续斟酌和提炼等。

复次，在研究过程中，笔者得到了一些机构和众多师友的帮助，笔者对他们充满感恩，没有他们的热情相助，要完成这项较为艰难的任务是不可能的。

一是感谢笔者的博士后合作导师曹荣湘研究员和中央编译局的导师团队。在研究方向的确立、研究方法的选择和研究内容的凝练等方面，笔者都受到了曹荣湘老师的深刻影响，并得到了编译局俞可平、王学东、何增科、李惠斌、杨雪冬、陈家刚、刘仁胜等诸多领导和老师的鼓励、引导、帮助和启发；二是本项研究获得第 50 批中国博士后科学基金面上资助，衷心感谢中国博士后科学基金会对本研究给予的资助；三是书稿的出版得益于中国社会科学院设立的"中国社会科学博士后文库"资助项目，衷心感谢中国社会科学院对书稿出版提供的资助。

同时，山东建筑大学的韩锋书记、范存礼校长、傅传国校长对本项研究给予了大量的关心和鼓励；山东建筑大学科技处倪文豪处长、于明志处长和其他老师；山东建筑大学法政学院的隋卫东院长、杨先永书记、于春明院长、王淑华院长以及其他同事都对研究的顺利进行给予了大量帮助；在研究过程中，笔者在研究理念和研究思路等方面曾得到以下多位老师的指导或启发，他们是：中国人民大学张云飞教授、北京大学郇庆治教授、中国社会科学院赵培杰主任、山东大学马来平教授、程相占教授等；在问卷的设计、发放、回收和统计等方面，笔者得到了众多老师、同事和好友的帮助，他们是：江西财经大学李秀香教授、中国社会科学院谢来辉博士、山东大学张红军教授、河南大学卢艳君副教授、河南师范大学张保伟副教授等；山东建筑大学张鹏博士、宋秀葵教授、王静教授、赵永芳书记、任晓勤书记、李杰瑞书记、邵兰云书记、杨广辉书记、徐兴奎老师、杨菁老师、巩克菊老师、丁燕老师、邹焕梅老师、陈丽霞老师、梁飞老师、张国瑞老师、范丽君老师、张立新老师、朱新筱老师、肖建卫老师、侯振华老师、张勤谋老师等；山东省委党校的钟丽娟，上海市教育局的张芬霞，济阳县教育局的赵倩，济南钢铁总厂铸管分厂的吴霞、吴波等；在调查问卷的发放和统计方面，笔者的学生们做了大量的工作，他们是：山东建筑大学的田昊、李海东、张莉鑫、李璞妍、史慧如、孟凡鑫、刘书麟、董超、满小田、孙英平、陈晨、刘婕等。在书稿形成以后，李艳同学对书稿进行了全文校对，发现了一些文字方面的疏误。在此一并向他们表示衷心的感谢。

在出站答辩过程中，中国社会科学院的辛向阳研究员，北京林业大学的严耕教授，中央编译局的林德山研究员、季正聚研究员、冯雷研究员对本书稿的选题意义、研究方法和创新之处给予了高度评价，同时也提出了若干修改完善的意见，感谢他们的鼓励和帮助。

在博士后在站工作期间，笔者的家人给予了无私的帮助和有力的支持。他们一直是笔者学业和事业的鼓励者和欣赏者，是笔者前行的重要动力。女儿黄逸川是书稿的第一位阅读者和评论者，14岁的她对书稿的兴趣和好评令我惊讶和欣喜。

2014年11月，笔者在重庆参加"全国政治学博士后论坛"时，从王琪编辑那里得知"中国社会科学博士后文库"征稿的消息，回来后把出站报告修改后提交给了王琪编辑，经过较为漫长的初评和复评过程，书稿幸运地获得了"博士后文库"的出版资助。在书稿审校的过程中，王琪编辑深入细致的工作使得书稿行文更加规范和通畅，增色颇多，在此深表感谢。

最后，无论是收获、困难、遗憾还是感恩，都记载了笔者三年的奋斗历程。三年的研究历程是充满艰辛与挑战的过程，同时也是理论与实践交织的过程，更是一个将对污染的感性焦虑上升到理性思考的过程。在课题研究的过程中，笔者在阅读相关文献的基础上，展开了很多随时随地的即时性调研，接触到一些令人触目惊心的污染现实，获得了大量关于我国环境问题及环境弱势群体的感性认识，对环境问题的紧迫性和环境弱势群体的困难处境心存焦虑。但是感性认识毕竟是零散的，不能从宏观上反映我国环境弱势群体的整体情况，笔者在感性认识的基础上进行了问卷调查、深度访谈、实地调研等，力求把握我国环境弱势群体的整体状况；另外，学者的焦虑是学术良心的外在表现，但政策的制定却需要运用理性思维进行综合考量。所以，在政策建议部分，尽量从我国的现实状况出发，既体现理想性，更突出操作性，尽量设计一些能够落地的政策制度，便于政府部门实际操作。为环境弱势群体提供帮助、为政府决策提供咨询，是笔者进行此项研究的良好愿望，也是学人报效国家、回报社会的主要方式。

　　面对书稿，既倍感艰苦耕耘的充实，也难免即将接受拷问的紧张。呈现在各位专家和读者面前的这本书，是笔者对感性认识进行理性总结和升华的成果，是克制对环境问题的焦虑情绪进行理性制度设计的尝试，衷心希望它能够对我国相关政策的制定提供某种参考，衷心希望政府和全社会都意识到环境弱势群体的困境，关注他们的权利，保护他们的利益，实现以人为本、建设和谐社会。真诚地希望各位方家不吝赐教，多提宝贵意见，帮助笔者不断前进。

刘海霞

2015 年 9 月 18 日于泉城济南